U0244755

猫咪能有什么坏心思

猫咪养成二三事

[日]主妇之友社◎著

靳可◎译

天津出版传媒集团

天津科学技术出版社

猫にいいこと大全
Copyright © SHUFUNOTOMO CO., LTD. 2021
Originally published in Japan by Shufunotomo Co., Ltd
Simplified Chinese translation rights arranged with Shufunotomo Co., Ltd.
Through City Rhythm Inc. and East West Culture Co., Ltd.
Simplified Chinese translation copyright © 2022 by DONGFANGJUMING (Beijing) Cultural Communication Co., Ltd.
All rights reserved.
天津市版权登记号：图字 02-2023-185号

图书在版编目（CIP）数据

猫咪能有什么坏心思 : 猫咪养成二三事 / 日本主妇之友社著 ; 靳可译. -- 天津 : 天津科学技术出版社, 2023.9

ISBN 978-7-5742-1585-6

Ⅰ. ①猫… Ⅱ. ①日… ②靳… Ⅲ. ①猫－驯养 Ⅳ. ①S829.3

中国国家版本馆CIP数据核字(2023)第174691号

猫咪能有什么坏心思 : 猫咪养成二三事
MAOMI NENG YOU SHENME HUAIXINSI: MAOMI YANGCHENG ERSAN SHI
责任编辑：陶　雨
责任印制：兰　毅
出　　版：天津出版传媒集团 / 天津科学技术出版社
地　　址：天津市西康路35号
邮　　编：300051
电　　话：（022）23332400（编辑部）
网　　址：www.tjkjcbs.com.cn
发　　行：新华书店经销
印　　刷：运河（唐山）印务有限公司

开本 880×1230 1/32 印张 6.75 字数 130 000
2023年9月第1版第1次印刷
定价：52.00元

前言

PREFACE

猫咪是相当敏感的动物，日常生活中会在意非常细微的变化，承受意想不到的压力，还会任好奇心驱使。作为饲主的“铲屎官”们也对此颇有兴趣，经常会提出这样那样的疑问，比如“它今天好像因为什么事很开心呀”，或者“怎么才能让它和我一起玩呀”，等等。

正是因为猫咪如此敏感，所以饲主需要平时多多关注，为它们营造一个可以安心生活的环境，守护它们的身心健康。当然，每一天的接触也很重要。作为爱猫人士，你一定想在接近猫咪的时候能够很快发现它和平时有什么不同，知道它现在需要什么、想做什么。

这本书基于最新的研究成果与信息，从猫咪的身心状况和生活特征，到饲主与猫咪的沟通机制和注意事项等，全面而详细地整理了“猫咪养成二三事”。

为了让猫咪能够身心健康地生活，也为了让自己成为被猫咪爱戴的饲主，赶紧实践书中的内容吧。

以本书为契机，希望大家的猫咪都能开心自在、茁壮成长！

目录 CONTENTS

第一章　猫咪的身体健康

减肥

水分

便便

猫砂盆

性格

社会化

压力

头脑

记忆

第三章　与猫咪的沟通二三事

沟通的基础

接触

打造猫窝

猫咪用品

出门

猫咪看家

搬家

预防万一

猫咪“这样那样”的行为探索

第一章

猫咪的身体健康

睡眠、吃饭、水分、运动、便便、梳毛、生病……

要呵护猫咪的身体健康，这里有不可或缺的信息。还有一些你可能会在意的话题，包括自主神经、免疫能力、中医等。

确保白天也有能好好睡觉的地方

关于猫咪的睡眠时间，成年猫咪一般每天睡14小时，幼猫每天大概睡20小时。没错，猫咪每天的一大半时间都是睡过去的。但是，猫咪在这段时间内并非一直是稳稳睡着的，而是处于带着些意识的“假寐”状态。野猫就是如此，毕竟不知道什么时候会有猎物出现，如果一直熟睡的话，就会让猎物跑掉了。家猫也保留了这样的习性。

所以，对猫咪来说，睡眠“质比量重要”。就算没有熟睡，哪怕是断断续续的睡眠，只要能让身体好好休息就没有问题。

猫咪总是在清晨和傍晚活泼好动。虽然在和人类相处的过程中，猫咪也会在一定程度上顺应饲主的生活节奏，但它们毕竟本来就有白天睡觉的习性，所以白天就让猫咪好好睡觉吧。

为了让猫咪能够好好睡觉，就需要确保有能够安全睡觉的地方。仍然保留了野生习性的猫咪，处于能够环视周围的高处才能安心。因此，如果可以的话，请把猫窝设置在比较高的地方。

睡眠时长因猫而异，不必刻意

“我呀，不睡××小时是不行的。”就像这句话，每个人所需要的睡眠时长都是不一样的。有的人只要不被叫醒就能一直睡很久，有的人只睡很短时间就会自然醒来。

猫咪睡眠时间的长短也是有个体差异的。有的猫咪在睡觉的时候，即使有声音也不会在意，只管继续睡；而有的猫咪即使听到很小的声音，也会立刻睁开眼睛。这和猫咪先天的性格以及后天的成长环境有关。

如果没有因为失眠而积攒压力、败坏心情、影响身体状态，那么睡眠时间就可以让猫咪按照自己的情况安排，不一样也没关系。

睡眠不足的原因

即使睡眠时间很短，只要身心保持健康就没问题。但是，如果猫咪出现以下情况，就可能是睡眠不足了：

◎猫爪肉球出汗，明显到可以留下脚印；

◎喝水多，小便多；

◎晚上闹来闹去，给饲主造成较大困扰；

◎总是“Xia——!”地叫，呼吸声明显而紊乱。

如果发现这样的情形，并且猫咪的睡眠时间越来越短，请及时带猫咪去宠物医院就诊。

下一页介绍了一些可能导致猫咪睡眠不足的原因，比如压力较大或者身体不适。尽早确定原因并采取相应措施是非常重要的。

猫咪睡眠不足的主要原因

发情期躁动不安

到了发情期，多数猫咪都很难保持冷静。即使是平日温驯的家猫，也会对窗外猫咪的叫声作出反应，还会闻到发情期母猫散发的信息素的味道。猫咪接收到这样的信号就会睡不着。绝育手术（第 62 页）也许可以改善这种情况。

身体不适

猫咪如果受伤了或者生病了，身体有疼痛或者不适的地方，就不能放松休息。猫咪可能因患有花粉症而鼻塞、呼吸困难，高龄猫咪则有可能因患有心脏疾病或者肺部积水而呼吸困难。如果猫咪安静不动的时候看起来很难受，请立刻带它去宠物医院。

非常在意环境中的声音

对于听觉灵敏的猫咪，即使是人类不会注意到的声音也会让它们在意，尤其是金属、纸张、塑料等材质发出的“哗啦哗啦”的高音。猫咪睡觉的时候，请注意不要制造以上类型的声音。让猫咪从幼年开始习惯各种声音的话，也可以防止它对声音过于敏感（请参照第 87 页—第 88 页“社会化”相关内容）。

感受到压力

如果没有可以安心睡觉的地方，也会出于压力而睡眠不足。饲主要考虑房间温度、湿度、安静程度等因素，如果饲养多只猫咪，还要确保有足够的猫窝。有的“铲屎官”会在猫咪白天睡觉的时候亲近它，但是对猫咪来说，睡觉的时候被打扰是会造成压力的。

调节自主神经功能，注意睡眠不足问题

对人类来说，要调节自主神经功能，良好的睡眠是必要的。猫咪也是一样。睡眠不足不仅会使自主神经功能紊乱，而且会延迟脑神经的正常发育。猫咪如果出现这些问题，就会变得对声音过于敏感，躁动不安，出现各种各样的问题。

除了保证充足的睡眠，要调节猫咪的自主神经功能，还需要良好的生活规律、适当的饮食管理，以及“铲屎官”和猫咪适当的交流。如果缺乏这些条件，猫咪就可能出现自主神经功能紊乱的问题。

另外，针灸和穴位按摩（第68页—第70页）也有助于调节自主神经功能，帮助猫咪放松下来。

沐浴清晨的阳光有助于重置生物钟

猫和人一样，需要重置生物钟，调整生活节奏。早晨拉开窗帘，让阳光洒落进来，和“猫主子”一起晒10~15分钟日光浴，感觉一定非常棒！沐浴阳光可以调整体内的生物钟。如果是阴雨天气，早晨也可以拉开窗帘，在窗边度过10分钟左右的时间。

另外，沐浴阳光的时候，大脑会分泌名为“5-羟色胺”的神经递质，可以带来安心感和幸福感。5-羟色胺也是“褪黑素”的来源，而褪黑素与睡眠息息相关，帮助人（和猫）在晚上安然入睡。

猫咪在白天睡觉时，不需要专门为它遮蔽光线、营造黑暗的环境。事实上，猫咪似乎相当喜欢在窗边等有阳光的地方睡觉。但是，夜晚还请顺应自然地让亮度暗下来，使昼夜具有明显差别。

增加猫窝的选项，提高满足感

猫窝的数量

请根据猫咪的数量准备富余的猫窝。不要把所有猫窝都放在一个房间，最好分散放置在猫咪出入的所有房间。

猫窝的位置

可以放在地板上、窗户边，或者比较高的地方，让猫咪根据心情自己选择，这样更有满足感。避开人类的活动路线，选择猫咪能够安静睡觉的地方。猫咪经常待着的地方就是它喜欢的地方，也是猫窝位置的最佳选项。

猫窝的形状和材质

猫窝有各种各样的形状和材质。从猫咪的习性来看，它们更喜欢圆形的，睡觉时可以完全包围身体的猫窝。这样的猫窝能给猫咪带来安全感。

关于材质，柔软的布制猫窝就很好，但注意不要让猫咪埋在里面呼吸、啃咬。一些小猫可能会把布制猫窝当作猫妈妈而撒娇，也可能出于压力等原因，会埋在布面上“咻咻”地吸气。如果是毛巾这种容易撕裂的材质，猫咪在吸气的时候可能会吃进去一些布料，增加肠胃阻塞的风险。

让猫咪习惯被毛巾包裹的感觉

有的猫咪虽然喜欢坐在毛巾上面，但是却讨厌被毛巾盖着或者包裹起来。从猫咪的幼年开始，试着寓教于乐地教给它：你可以安心地被毛巾包裹着。

不抵抗被毛巾包裹的猫咪，在接受治疗的时候应该也不会抵抗出于安全考虑而使用的固定用毛巾。

选择微纤维、羊毛等不易撕裂的材质，会比较安全。

猫窝的温度

天冷的时候，可以用热水袋为猫窝加热，帮助猫咪抵御寒冷，舒适地睡觉。另外，有的猫咪会在暖气片旁或者电热毯上睡觉，为了防止低温烧伤，注意不要把温度调太高。让猫咪自己选择它们喜欢的温暖的地方吧。

让猫咪决定要不要一起睡

和猫咪一起睡觉，对饲主来说是非常幸福的时刻吧。但是，“铲屎官”想一起睡，猫咪可不一定这么想。擅自把猫咪拉到自己的床上，是会被猫咪讨厌的。要睡在哪里，让猫咪自己决定吧。

也有这样的情况，就是之前明明都是一起睡的，但是忽然有一天，准备睡觉的饲主等不来猫咪了。这可能是因为，饲主在睡觉的时候翻身打到了它，或者把它压在了身下而让猫咪产生了心理创伤。如果还想一起睡，就需要努力消除这种创伤，比如在床上摆好零食，让猫咪觉得床是一个好地方（请参照第107页）。

和猫咪一起睡的注意事项

column

动物和人类会感染的“人兽共患病”有很多，包括由猫咪传染给人类的疾病。完全在室内饲养的家猫基本不用担心，但是生活在户外的流浪猫有可能携带病菌，所以最好不要和流浪猫一起睡。

这个叫“香箱坐”喵，
因为四肢收进身下，不能很
快逃开，所以这样的姿势，
说明我很安心喵。

睡姿不是横卧的话就要注意了

猫咪的睡相也是千奇百怪。你可能经常看到猫咪把身体蜷成一团睡觉，像一块鹦鹉螺化石。而比较放松的猫咪可能会仰面躺着，睡得四仰八叉，毫无防备。

关于睡姿，需要注意的是猫咪一直都不横卧的情况。猫咪将四肢内收的蹲坐状态称为“香箱坐”，是一种放松的坐姿。如果猫咪这样坐着，迷迷糊糊打起瞌睡，通常最后还是会横卧下来睡觉的。但是，一直保持这种身体立起的姿势睡觉的话，就可能是猫咪由于什么原因不能横卧了。也许是横卧的话身体会痛，或者周围的环境需要警戒，不能安眠。

双目半合、跪姿蹲坐、将头埋起的“抱歉睡”也是没有完全放松的状态。另外，睡觉时双手遮脸，可能是因为光线太亮了，或者是在表示不想被打扰。

5大营养素+水，一个都不能少

关于猫咪进食，最重要的是保证平衡摄取必要的营养元素。5大营养元素包括蛋白质、碳水化合物、脂肪、维生素、矿物质，堪称“第6大营养元素”的水分同样不可或缺。

食物要重视，水分的重要性也不要忽视哟。为了预防猫咪容易患上的慢性肾病、尿道结石（请参照第66页），需要从猫咪的幼年开始注意水分摄取。

另外，肥胖会诱发各种疾病，防止肥胖的进食习惯也很重要。注意饭量和零食不要过多，还要记得不要喂猫咪吃人类的食物。

正确的饮食管理，对于猫咪的健康至关重要。

主人白天外出工作，很难分几次喂食，可以使用便利的自动喂食器喵。

根据猫咪的进食方式决定喂食频次

猫咪的进食方式通常是“少量多次”，少食多餐。狗狗则是把面前的食物一次吃完。

因此，对于每次只吃一点儿、会吃好多次的猫咪，可以把半天份的干粮倒入喂食器，让它在想吃的时候去吃就可以。但是，也有猫咪会一次吃完，这种情况就需要少量多次喂食。

另外，多只猫咪一起饲养的话，可能有的猫会吃掉其他猫的那份猫粮，所以最好不要把所有猫粮都堆在一起。

虽然喂食次数因猫而异，但是还请好好控制每天喂食的总量。此外，湿粮容易变质，不适合放置，最好在1~2小时之内完成喂食；干粮如果放置超过一天，也请更换新的。

据说让猫咪从幼年开始吃各种各样的食物，等它长大了就不会那么挑食。

根据目的、质地选择猫粮

综合营养食物与一般食物

猫粮的商品种类繁多，主食可以选择“综合营养食物”，这是根据猫咪的体重决定分量，同时兼备必要的营养而制作的猫粮。

不同年龄的猫咪所需要的营养成分也不一样。综合营养食物也有根据猫咪年龄设计的不同种类，随着猫咪年龄的增长更换猫粮吧。

在综合营养食物之外，还有称为“一般食物”和“副食”的猫粮，这是相对于主食来说类似零食的食物。人类只吃零食会营养不良，猫咪也一样，只吃一般食物（副食）会营养不均。最好把副食当作浇头或者配菜，搭配综合营养食物一起吃。

另外，“营养补充食物”旨在补充特定的营养成分或者热量，“特别疗法食物”则是面向需要进行食物管理的生病的猫咪，喂食这类食物需要遵循兽医的指导。

猫粮的类型

●按照目的

综合营养食物	一般食物（副食）
·和水一起喂给猫咪，不会造成营养不良； ·不同年龄适用不同类型； ·主要是干粮，也有湿粮。	·配合综合营养食物一起食用； ·多是湿粮，主要有罐装、袋装的类型。

●按照质地

干粮	湿粮
·易于保存，便于投喂； ·可以在喂食器里放置较长时间； ·多是富有营养的食物。	·口感和味道优秀，备受猫咪喜欢； ·可以补充水分； ·容易变质，需要在1~2小时内吃完； ·主要是一般食物（副食）。

有的小猫对待食物忽冷忽热，今天不吃的食物明天可能就吃了，这种情况不用太过在意。

干粮和湿粮

猫粮根据水分含量的不同，分为干粮和湿粮。干粮的水分含量在10%左右，吃起来脆脆的；湿粮的水分含量大概在75%，口感柔软。另外还有介于二者之间的半湿猫粮。

不一定要喂食鱼和蔬菜

猫喜欢吃鱼，似乎很多人这样想。日本出售的猫粮很多都是鱼肉类的，而欧美则以鸡肉等畜禽肉类为主。

野生的猫咪会吃老鼠、昆虫、青蛙等来摄取蛋白质、碳水化合物等必要的营养元素，所以不是非得吃鱼。

有的猫咪会被蔬菜的香味吸引，除了猫咪不能吃的蔬菜（第19页）之外，喂食不加调料的生蔬菜或者煮过的蔬菜是没有问题的。

但是，综合营养食物的猫粮已经含有膳食纤维了，所以即使目标是让猫咪排便顺畅，也不用特意喂蔬菜。

有猫草会比较好吗？

column

猫草可以帮助猫咪通便、吐毛球，但也不是必须要准备猫草。然而，有的猫咪确实喜欢啃咬植物，这种情况下，常备猫草也挺好。

自制猫粮门槛很高，做好觉悟

不少饲主都想给猫咪准备好吃又安全的猫粮吧。

如果要自制猫粮，首先要充分了解猫咪所需要的营养元素。从超市买来食材，然后做出营养均衡的猫粮，是一件门槛相当高的事情，只用一天时间很难办到。

生病的猫咪需要吃治疗用猫粮，如果突发紧急事件会难以满足猫咪的需要，因此有必要让猫咪习惯不同的食物。

不要喂对猫咪不好的食物

人类的食物，基本都不能喂给猫咪。如果因为小猫看起来想吃，或者为了让它喜欢自己，就直接喂它人类的食物，那么人类是省事了，猫咪就遭殃了。

人类和猫咪需要不同的营养物质，不仅如此，人类和猫咪的消化功能也不一样。人类吃了没关系的食物，猫咪吃了就可能因消化不良而腹泻，甚至中毒。另外，人类添加了调味料的食物含有很多盐分和糖分，这也会对猫咪的身体造成负担。

猫咪一旦尝过人类食物的味道，就可能以此为契机，之后还会想再吃，于是养成坏习惯，坐在饭桌旁等你投喂，成为令你苦恼的事情。从一开始只喂猫粮，就不会互相制造压力了。

猫咪吃了会有危险的食物

●导致腹泻的食物

猫咪食用以下食物容易消化不良	
・虾、蟹、鱿鱼、章鱼、贝类（鱿鱼和章鱼还有可能引发中毒） ・人类食用的牛奶、乳制品 ・菌菇类	・生肉 ・油炸食物 ・水果

●导致中毒的食物

出现痉挛、呕吐、腹泻等症状，事关生命安危 汤汁也不可以喂	
・葱类（洋葱、大葱、韭葱等） ・巧克力等可可制品 ・酒精 ・坚果（杏仁等）	・葡萄和葡萄干 ・鳄梨

※ 食物之外，关于“猫咪吃了会有危险的植物”，请参考第 156 页—第 157 页。

Column

猫咪也需要好的食材

猫和人一样，如果肠胃环境很乱，身体就会出现各种各样的问题。“寡糖（oligosaccharide）”有助于调理肠胃环境，而低聚果糖（fructo-oligosaccharide）很久之前就被用于制作宠物食物。

另外，“ω-3 脂肪酸”有助于预防肾功能问题，肾病治疗食物也包含这种成分。鱼油、磷虾油都富含 ω-3 脂肪酸，作为宠物营养剂也有售卖。

然而喂食应该适量，再好的食物摄入过多也不好，喂猫咪吃之前请咨询兽医。

零食的量和投喂时间很重要

市场上有售多种多样的猫咪零食，包括芝士、饼干，还有糊状的食物。

好好喂猫吃饭的话，猫咪是不需要吃零食的。但是，剪指甲、去医院这类猫咪不喜欢的事情可能会给它留下不好的记忆，这时，零食可以大显身手（参照第90页）。零食也可以帮助饲主与猫咪进行沟通。

喂给猫咪的零食，请注意不要超过一天所需能量的20%。如果运动量很大，也许不用严格地控制在20%，但是为了预防肥胖，喂零食的时候还请适当减少主餐猫粮的量。只吃零食而吃不下猫粮的话，不利于营养均衡。

固定喂零食的时间

对喜欢规律的猫咪来说，尽量在每天特定的时间喂零食会更好。清晨和傍晚是猫咪最活跃的时间，它们会更加期待饲主的关注，或者萌生更多需求。这时，可以有效利用零食来梳毛或者进行训练。

比如，饲主伸出手，猫咪把肉垫放上来的话，就喂它零食。

请谨慎选择喂给猫咪的零食。有的零食含有丙二醇添加剂，有案例证实，猫咪吃了会中毒。

沙丁鱼干、鲣鱼干等富含矿物质的食物可能会导致尿道结石（第66页），请注意不要喂太多。

没有食欲的话试试加热食物

食物加热之后会更香，猫咪没有食欲的时候可以试试把湿粮加热一下。

如果食物温度是接近猎物体温的38℃左右，那么猫咪会更有食欲。

有的饲主会把水温一下再喂给猫咪，当然，猫咪对水温的喜好各不相同。凉一点儿喝，还是温一下再喝，可以两种方式都试试看，观察猫咪的反应。当然，不要加热过头了，限定在与体温相当的温度范围内吧。

连零食都不吃的话，请及时就诊

如果觉得猫咪食欲变差了，请先确认是不是真的没有食欲。

就算猫粮没吃完，但还会吃零食，就可能是猫粮有什么问题。这时，请更换猫粮。

猫咪如果一天什么都没有吃，大概就可以判断是“没有食欲”了。猫咪不吃猫粮，也不吃喜欢的零食，也许是因为身体出现了异常。

长期食欲不振可能引发疾病，比如脂肪肝（第67页）。这种病易发生于体型肥胖的猫咪，不及时干预会造成猫咪死亡。所以胖猫一天什么都没吃的话，请立刻送到宠物医院检查。

木天蓼可以提升食欲？

column

有的猫咪吃过混有木天蓼的猫粮，食欲会变好。但是，也不能盲目地“因为猫咪没食欲，所以喂木天蓼”。首先，请找到食欲变差的原因，而木天蓼就作为尽量少使用的小技巧吧。

减肥期间要重视运动量

为了节食瘦身而忽然减少饭量，是会给猫咪造成压力的。

减少饭量要一步一步来，同时，增加喂食次数也有帮助。如果之前是每天喂食2次，就可以减少每次喂食量，每天喂食3~4次。这样每次只吃一点点，反而不会觉得肚子饿。

另外，减肥不仅需要减少饭量，还要增加运动量。比如猫咪爬上猫爬架就奖励它一粒猫粮，一边沟通一边让它运动。但是，忽然让胖胖的猫咪运动可能会对它的身体造成负担，所以请根据猫咪的情况，在合理范围内增加运动量。

此外，可以在矿泉水瓶上开个洞，里面装上猫粮，猫咪滚动瓶子才能吃到食物；或者使用需要滑动盖子才能吃到猫粮的益智类玩具，让猫咪花费时间努力一番才能吃到食物，这样也可以增加运动量。

市面上也有专门的减肥猫粮，请向兽医咨询之后选择使用。

把握正确的水分补给

摄取水分对猫咪来说非常重要。缺乏水分可能诱发慢性肾病、尿道结石（第66页）、膀胱炎等疾病。如果患上慢性肾病，反而可能会饮水过量。

要知道水分摄取是多了还是少了，首先要了解健康状态下的饮水量，这样如果猫咪身体出现异常也可以尽早发现。一天的饮水量（以mL为单位）和一天所需的热量（以kcal为单位）的数值基本是一样的。

如果是湿粮，也可以相应地减少水分补给。

用计算器计算水分摄取量的方法

按照下面的方法计算，找到正确的水分摄取量。

例 以体重 3 kg 的猫咪为例

① 体重的 3 次方
$3 \times 3 \times 3 = 27$

② $\sqrt{\ }$ 开根号 2 次

③ 将得到的数值乘以 70 → 159.57

④ 将得到的数值乘以 1.2※
→ 191.48 kcal/ 天
（一天的热量，约 800 kJ）
≈ 191.48 mL（水分摄取量）

※ 第 4 步乘以 1.2 适用于完成绝育手术的成年猫咪。未接受绝育手术的猫咪请乘以 1.4。

了解猫咪喜爱的饮水场所和器具

为了健康，摄取水分很重要，但是对于住在沙漠中的猫咪来说就不用喝那么多水。由于猫咪对水分的需求存在个体差异，所以要让猫咪积极地喝水，需要饲主下功夫找到适合自家猫咪的喝水方法。

为了让猫咪摄取足够的水分，了解一下饮水点的安排以及使用什么样的饮水器具吧。

饮水场所

在家里设置若干个可以饮水的地方

是便便之后还是刚醒来的时候喝水，这个因猫而异，请在猫咪经常出现的地方设置若干个饮水点吧。有的猫咪会喜欢新鲜的水，有的猫咪则喜欢放置一段时间、消除了氯化物味道的水，而且这种偏好还可能发生变化。为猫咪准备不同类型的水，让它选择自己喜欢的，这样可以提高饮水率。

为什么想在浴室喝水？

column

有的猫咪，不喝放在猫粮旁边的水，就喜欢在浴室找水喝。这是从猫咪祖先那里保留下来的习性，因为当时它们捕捉并享用猎物是在森林里，喝水则需要走到河边。因此，把喝水的地方与吃饭的地方分隔一段距离，会更加符合猫咪本来的习性。为了防止猫咪溺水，请把浴缸的水放掉，另外注意不要让猫咪饮用添加了沐浴用品的水。

饮水用具

准备“猫咪数量+1”个器具

要设置若干个饮水的地方，即使只养了一只猫咪，也要最少准备两个器具。饲养多只猫咪的情况，至少需要准备“猫咪数量 +1”个饮水用具。

有的家庭会让猫咪们混用饮水用具，但有的猫咪会讨厌掺了其他猫咪唾液的水。

尺寸大小 各有所爱

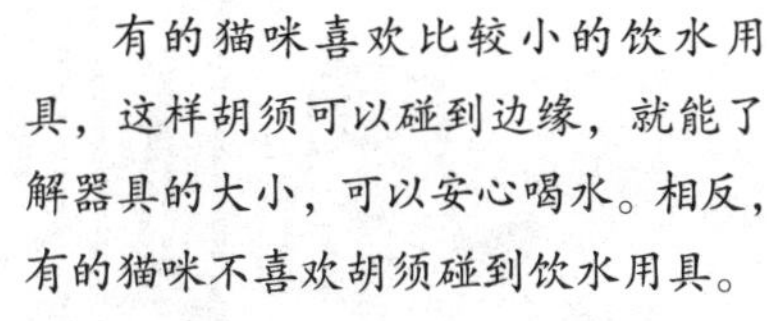

有的猫咪喜欢比较小的饮水用具，这样胡须可以碰到边缘，就能了解器具的大小，可以安心喝水。相反，有的猫咪不喜欢胡须碰到饮水用具。

请按照猫咪的喜好准备大小不同的饮水用具（关于材质，请参考第169页）。

经常清洁器具

请每天更换一次干净的水，换水的时候也请清洗一下器具。有的猫咪会拒绝哪怕只有一点点浑浊的水，所以请尽量勤快地换水吧。

自来水作饮用水没有问题

使用自来水作为猫咪的饮用水是没有问题的。对不喜欢自来水中氯化物味道的猫咪，可以把水稍稍放置一段时间再给它喝。

虽然你可能会觉得矿物质水更加健康，但是对猫咪来说可不一定。硬水含有较多镁和钙，可能成为尿道结石的元凶，所以请选择软水类型的矿泉水。市面上的矿泉水多为硬水，为猫咪选购的时候还请留意。

炖煮鸡肉、鱼肉的汤汁也可作为水分补给

如果猫咪不太喝水，可以试着给水增加一些风味。

可以把没有添加调料的炖煮鸡肉或鱼肉的汤汁加到饮用水中。有的猫咪会被汤汁的味道吸引，就把水喝下去了。但是，汤汁和水不同，容易变质，需要半天更换一次。

另外，也可以把汤汁浇在猫粮上，这样猫咪吃饭的时候可以顺便补充水分。同样，这种浇饭如果没吃完也容易变质，不要放着不管，及时收拾干净吧。

当然，还可以把汤汁和干粮混合，做成富含水分的湿粮，这样的拌饭也很好。

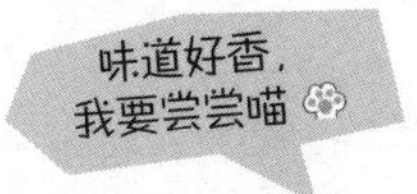

喂牛奶，胖猫需谨慎

猫咪不喝水的时候，作为替代可以喂它猫咪专用牛奶。但是，牛奶的热量较高，如果猫咪有点胖，注意别喂太多。

喂牛奶的时候，请一定选用猫咪专用牛奶。人类喝的牛奶所含有的乳糖是猫咪的身体不能分解的，可能导致腹泻。

宠物专用的奶类还有山羊奶，有的猫咪可能会过敏。如果猫咪喝过之后觉得痒，比如看到它在拨眼睛周围和耳朵附近的毛，请停止喂食。

不只是山羊奶，初次给猫咪尝试新食物的时候，最好选择宠物医院正在营业的时间。万一出现什么异常，可以立刻送去就诊，这样会比较安心。

喂食次数和活动量增加，摄取的水分也要增加

明明下了很多功夫，却不见猫咪的饮水量增加，那么还有一个方法：增加喂食次数。每天喂食的猫粮总量不变，只是每次喂的量减少。一般说来，猫咪吃完饭会喝水，这样就增加了摄取水分的机会。

不管是人类还是猫咪，都会从食物中获取营养物质并在体内吸收、代谢，这时会生成一种名为“代谢水”的水分。人类的代谢水量大概每天300 mL。营养物质不同，代谢水的多少也不同，而活动量增加的话，代谢也会加快，会促进代谢水以尿液、汗液等形式排出。随着水分排出，自然需要增加水分摄入。

话虽这么说，但代谢水的多少因猫而异，暂时列举这些增加饮水量的方法，请诸位饲主先试一试吧。

掌握猫咪便便的样子和状态，就可以尽早发现异常。

了解猫咪健康时小便、大便的状态

便便是猫咪健康的晴雨表。了解猫咪健康时便便的状态很重要，这样可以在发现便便和平时不一样的时候，尽早送到宠物医院就诊。

观察猫咪便便的量、次数、颜色、形状是否与平时不同。大便可以直观确认有无异常，比较简单，但是小便也不能忽视。

偶尔观察猫咪排泄时的样子，看有没有不自然的姿势，有没有看起来很痛。

如果一天小便超过5次，可能是生病了

猫咪每天小便的次数平均在2次左右。公猫用小便做标记不包含在小便次数里。

排尿量根据饮水量有所不同，频次也存在个体差异。但是，如果一天小便在5次以上，可以看作尿频。

不只是小便的次数，如果猫咪生病了，小便的颜色和气味也会发生变化。如果相较平时气味更淡、颜色更浅，也许是患上了慢性肾病，请尽早送到宠物医院。

小便的异常不太好注意到，在猫咪体检之外，建议定期进行尿检（第41页）。

把便便带去宠物医院的时候，不要用纸巾包裹，请用塑料袋或者塑料容器装起来。

请确认便便的硬度、气味和颜色

猫咪大便的次数在1天1次以上。不太软，也不太硬，基本成形，就是健康的状态。如果混有猫毛，或者水分摄取不足，都容易变成坚硬的便便。

动物蛋白质摄取较多，便便的气味就会变大。另外，气味变大还有可能是腹泻或者猫咪的肚子里有寄生虫的表现，还请确认便便的形状和气味。

便便的颜色和猫粮相近，一般是褐色或者茶褐色的。发红、发白的便便可能由出血或者内脏功能紊乱导致，需要注意。如果便便特别黑，则可能混合了血液。

如果觉得便便有点奇怪，请采集一些带去宠物医院咨询和检查。最好是刚刚排出的便便，不要用纸制品包裹，用塑料袋或者塑料容器装好，这样有助于医生得出正确的诊断结果。

便秘的猫咪请送诊

尿频是问题，但1天1次小便都没有也是问题。很多猫咪会遇到尿道结石等泌尿系统问题，要尽早发现、尽早治疗。

大便的多少与食物纤维的摄取量呈正相关。预防肥胖的猫粮含有较多食物纤维，大便的量也会增加。即使便便不多，1天能拉1次就不算便秘。

如果猫咪连续3天以上拉不出大便，请送它去宠物医院。但是，如果猫咪出现拉不出便便，相较平时没有精神，而且食欲不振的情况，不用等3天，请尽快送诊。

尺寸是猫咪尺寸的1.5倍以上，数量是“猫咪数量+1”个

猫咪的祖先是在广阔的野外便便的，所以猫砂盆越大，猫咪的排便压力越小。可以的话，请准备猫咪体长1.5倍以上的比较大的猫砂盆。

猫砂盆有带屋顶的款式，但有没有屋顶，猫咪并不会很在意。然而，有屋顶的猫砂盆不易挥散气味，有的猫咪会因为这个而不愿意进去。有的猫咪则喜欢有屋顶的猫砂盆，这样可以安心便便。

理想的猫砂盆数量是“猫咪数量+1”个。饲主就算经常打扫，也难免有无法顾及的时候。有了备用的猫砂盆，猫咪的生活会更舒适。

如果猫咪便便之后没有埋上猫砂就立刻出来，可能是因为猫砂盆不舒服所以猫咪才想尽快离开。有的猫咪如果特别讨厌猫砂盆，会在猫砂盆以外的地方便便。

如果看到猫咪好像不喜欢猫砂盆，为了它的身心健康，请了解清楚是什么让它那么讨厌，并尽快解决问题。

有的猫咪比较敏感，旁边有其他猫在便便的话，自己就拉不出来。

与进食和睡觉的场所相隔一定距离

请将猫砂盆放在安静的地方。在人类经常走动、比较吵闹的地方，猫咪不能安心地便便。另外，猫咪的习性之一是不在吃饭和睡觉的地方便便，所以请将猫砂盆放在远一些的位置。

饲养多只猫咪的话，它们之间的关系各不相同。有的猫咪不愿意经过其他猫的身边去便便。比如，猫砂盆放在洗脸台附近或者走廊尽头的话，想要便便的猫咪在去那里的途中遇到其他猫咪，可能就不会再去猫砂盆了。尽量把猫砂盆放在可以从多个方向到达的地方。

猫咪讨厌没有退路、无法防御的境况，这也是习性之一，把猫砂盆放在进出方便的地方可以让它安心。话虽如此，对饲主来说，还是更想把猫砂盆放在不碍事的角落或者不起眼的地方吧。结合家里的情况，合理选择能让猫咪轻松便便的地方吧。

保证猫砂盆清洁，两周彻底清理1次

每次猫砂盆被大便或小便弄脏，都请尽快打扫干净。就像人类不想用脏脏的厕所一样，猫咪也想要干净的猫砂盆。

尤其是饲养多只猫咪的情况，猫咪会不想使用留有其他猫咪排泄物气味的猫砂盆，于是可能会在猫砂盆以外的地方便便。

饲主不仅要更换猫砂和盆垫，还要定期清洗猫砂盆本身。每天都使用的话，猫砂盆会附着污渍，需要每两周完全清洗1次。

清洗之后，最好自然晾干。但是如果只有一个猫砂盆，等待晾干的这段时间猫咪就没有地方便便了。这时好好擦干猫砂盆里的水渍，立刻放回原来的地方也可以。

猫咪依照习性会用猫砂把便便埋起来，它们喜欢容易刨挖的猫砂。

猫砂的材料最好是贴近自然的

猫砂的材质千差万别，有矿物质的、纸质的、豆质的、木质的、硅胶的……虽然猫砂的颗粒大小也各不相同，但是猫咪更喜欢触感接近土壤的、相对细小的猫砂。

有的猫咪对猫砂的材质和大小要求很高，而有的猫咪毫不在意猫砂的类型。只要准备好的猫砂能让猫咪顺利便便，就没有问题。

猫咪可以舒适地使用，饲主可以轻松地打扫，综合考虑选择猫砂吧。

活用IoT猫砂盆，管理猫咪的如厕情况

近年来，经常听说“IoT”这个词。IoT全称是Internet of Things，翻译为“物联网（物品的互联网）”，是指通过网络来控制身边各种物品的机制。

猫砂盆也有连接物联网的款式，连接后饲主可以从手机等终端看到相关数据，包括使用猫砂盆时猫咪的体重、排尿量、每天的排便次数等。如果使用次数比平时多，IoT猫砂盆还可以发出警示让饲主知道。IoT猫砂盆有各种各样的功能，有的款式带有摄像头，饲主可以在手机观看猫咪便便的影像。

IoT猫砂盆还有助于猫咪的健康管理，比如监测尿量的增减、尽早发现相关疾病，或者参考长期记录的数据、追踪疾病的发展过程，等等。

定期进行尿检

猫咪容易患的泌尿系统疾病有很多，尤其是伴随年龄增长而患病风险增加的慢性肾病（第 66 页）。每年进行几次尿检有助于尽早发现病情。

尿检不需要带上猫咪一起去，带上采样的小便就可以检查。检查结果出现异常再带猫咪就诊，这样也可以减轻猫咪的负担。

先到宠物医院确认

不要直接带上猫咪的小便去宠物医院。请提前确认尿检的相关情况，比如检查的时机以及必要的采样量、采样方法等。请参考宠物医院的建议。

用干净的容器装尿液

请将采集的尿液装入干净的容器。不干净的容器可能会对检查结果造成影响。有的宠物医院准备有专门的容器，请联系确认。新鲜的尿液更有助于得出正确的诊断结论。

两层的猫砂盆

如果是两层的猫砂盆，上层放置新的猫砂，下层可以不铺宠物纸垫等吸收材料，然后用滴管等工具采集下层积攒的尿液。另外，也可以带着浸湿的纸垫或者猫砂做检查。

安排每天15~20分钟的运动时间

吃了就睡还不运动，小猫就会变胖猫。现在，完全饲养在室内的猫咪通常缺乏运动，还因为吃太多零食，而容易营养过剩。于是近年来，圆乎乎、胖墩墩的猫咪越来越多。

肥胖会诱发很多疾病，所以要想让猫咪健康长寿，就需要预防肥胖。

进行适度的运动，不仅可以防止肥胖，还可以消除压力，对大脑进行良好的刺激，从而预防抑郁症（第100页）和认知障碍（第64页）。

请饲主通过和猫咪玩耍，为它创造活动身体的机会吧。每天15~20分钟就可以，如果饲主不能抽出较长的时间，也可以1天互动2次，1次10分钟。

户外散步没有好处

column

不建议为了运动而去户外散步。猫咪会将去过的地方视为自己的领地，如果不能自由地去那里就会感到压力。另外，出门会增加感染疾病的风险，所以运动在室内进行就好。

猫咪想要玩耍的时候就是活动身体的好时机

虽说运动对身体好，但是强迫猫咪动起来会给它造成压力。等待猫咪自己想要活动的时候再活动吧。

猫咪对饲主“喵——”地撒娇的时候，还有咬起玩具的时候，都是活动的机会。回应猫咪的要求，还可以提升猫咪对饲主的好感度。逗猫器是可以唤醒猫咪狩猎本能的玩具，相当便利。平时收起来，在猫咪活跃时拿出来使用，这样可以比较长久地保持玩具的魅力。

即使猫咪没有玩耍的要求，饲主也可以拿出玩具，邀请猫咪一起玩。但是，如果猫咪似乎不想玩，或者直接走开，那么请不要强迫它玩。

猫咪要从小养成活动身体的习惯。高龄的猫咪在活动前，需要饲主先帮它轻轻按摩四肢。

胖猫活动身体会很费劲，首先要减重。还有猫咪会因为身体疼痛而不能活动，请优先找到疼痛的原因并消除。

搭建猫咪可以上下跑动的纵向空间

为了让猫咪愉快地运动和玩耍，需要打造可以安全跑动的空间。对猫咪来说，横向宽阔不如纵向宽阔，请考虑为猫咪提供可以纵向活动的空间吧。

猫咪有从高处环视周围的习性，喜欢爬到比较高的地方。为了顺应这种习性，可以准备猫爬架等能让猫咪自由跑到高处的装置。没有猫爬架时，可以利用家具的高度差（第147页）。

请参考以上方式，为猫咪打造可以纵向活动的空间吧。

白天充分活动，专治晚上不睡的“夜猫子”

猫咪会在夜晚兴奋地跑来跑去，举行“夜间运动会”。

如果没有对饲主造成困扰，那么放任不管也没关系。但是有些饲主因为这个而睡眠不足，的确是很难受的。

猫科动物本来就是天色暗下之后才开始狩猎的。不用狩猎的家猫如果白天运动不充分，就不能消耗掉从食物中摄取的能量，所以睡不着。另外，也有可能是猫咪白天自己看家，晚上主人回来了非常激动，于是跑来跑去。

作为对策，请让猫咪在活跃的清晨和傍晚好好活动身体。另外，睡前可以和猫咪玩耍到让它厌烦来消耗能量。

但是，有时候猫咪晚上会因为肚子饿而闹个不停。因此，睡前如果看到猫咪好像饿了，请喂一点儿猫粮，让它能够安然入睡吧。

column

猫咪的你追我赶 如何区分是打架还是打闹

饲养多只猫咪时，猫咪们跑来跑去，有时不能判断它们是在打架还是在玩耍。如果没有叫声，追的一方和被追的一方会交换的话，就是玩耍。如果有叫声，其中一方单方面被追的话，就是打架。这时需要饲主介入，帮助被追的猫咪避难。

高龄猫咪因为衰老而韧带松弛，指甲容易露在外面。因此请经常护理高龄猫的指甲。

指甲剪是首要的护理工具

猫咪虽然会自己梳毛，但是也有自己够不到的地方。饲主需要准备毛刷，以及指甲剪、牙膏等用于保持猫咪健康和卫生的物品。

因为和人类住在一起，所以猫咪首先不能缺少的就是指甲剪。猫咪的爪子是相当锋利的，人被抓到会很危险。有的猫咪会因为讨厌毛刷或者牙膏等而抓伤主人，所以一定要准备指甲剪。另外，指甲钩到地毯等物体的话，猫咪还会受伤，为猫咪的安全考虑，指甲剪也很重要。

剪指甲要趁猫咪睡觉，或者两个人配合

剪指甲可以2周1次，当然，指甲生长的速度因猫而异，剪指甲的频次可以适当调整。另外，猫抓板好不好用也与指甲的长度有关。如果猫咪用爪子抓挠饲主的衣服或者地毯，就该剪指甲了。

猫咪大多不喜欢被摆弄爪子，所以最好从猫咪小的时候就开始让它习惯指甲剪。如果猫咪乱打乱闹、毫不配合，就趁它睡觉的时候剪。如果有家人在，还可以一个人喂猫咪零食，转移它的注意力，同时另一个人来剪指甲。

无论怎样都很难做到的话，可以咨询提供剪指甲服务的宠物医院或者宠物美容院。

喂给猫咪的零食要足够长，让猫咪可以舔很久。

根据毛发的种类决定如何梳毛

梳毛不只是为了清除脱落的毛发和粘在皮毛上的污渍，也是为了给皮肤一定的刺激，促进血液循环。

猫咪自己也会梳毛，短毛猫不用每天都梳毛，但是春天和秋天的换毛期会掉很多毛，所以在换毛期需要勤梳毛。长毛猫咪容易毛发打结、吐毛球等，每天都需要梳毛。

短毛猫可以使用橡胶梳，长毛猫可以选择针头较长的针梳或者钉耙梳。如果有既可以刷到细微的部分，又能用来整理毛发的梳子就非常便利了。不论怎样都要轻轻地、温柔地梳毛。如果用力的话，就会让猫咪感到疼痛。

对于不想梳毛的猫咪，可以在梳毛的时候喂它零食，留下“梳毛是一件美味又舒服的事情”这样积极的印象。

吐毛球的次数比平时多的话，请及时送诊

猫咪梳毛的时候，会把自己的毛咽下去。有的毛会混到便便里面被排出来，但多数会在胃中集聚成毛球，被猫咪定期吐出来。对自己梳毛的动物来说，吐毛球是很自然的事情，不用担心。如果不吐出来的话，胃里就会集聚越来越多的毛，形成过大的毛球，进而引发“毛球症”。

吐毛球的频次因猫而异，大概是几周到几个月吐1次。如果饲养多只猫咪，那么还为其他猫咪梳毛的猫吐毛球的次数应该更多。另外，猫咪可能会出于压力而频繁舔舐自己，这种情况吐毛球的次数也会增加。

和平时相比，如果吐毛球的次数增加了，毛球混有黏液或者没有完全消化的食物，而且吐出之后猫咪显得没有精神，那就要注意了，请立刻送诊。

如果在意污渍和味道，可以使用沐浴液

如果是完全在室内饲养的猫咪，短毛猫只要没有很脏就无须在洗澡时使用沐浴液。但是长毛猫仅凭梳毛很难彻底清理脱落的毛以及污渍，再者，猫咪的屁屁周围还有爪子有时会散发难闻的气味，这时就可以用沐浴液给猫咪洗澡。

猫科动物的祖先生活在沙漠中，水性不好。沐浴液、洗澡什么的，很多猫咪都非常讨厌。最好从猫咪小的时候就让它习惯洗澡。使用沐浴液之后，一定要把猫咪烘干，但是吹风机的声音和热风也是猫咪所讨厌的。不管怎样，利用零食让猫咪习惯这些吧。

可以每年把猫咪送去宠物美容店几次，据说有的猫咪在专业人士手中会比较温顺。

也有喜欢洗澡、乖乖待在浴缸里的猫咪。猫咪不挣扎就没有问题了，但要谨防溺水，视线不要离开猫咪。

还有猫咪会自己潜入浴室，为了防止猫咪在饲主不在家时溺水，请将浴缸中的水放空。

可以只清洗有污渍的地方，用蒸过的毛巾擦拭也可以

如果猫咪只把尾巴弄脏了，不用把全身都淋湿，只清洗脏了的尾巴就可以。这时，一定要把打湿的部分好好擦干。如果放任湿着的状态不管，则可能会导致皮肤问题。

如果猫咪不喜欢被淋湿，也可以用蒸过的毛巾擦拭。市场也有售宠物专用的免洗沐浴液、免冲洗擦身布等。

容易弄脏的地方包括耳朵前面、额头、嘴巴周围、下巴下面、屁屁周围等，请重点擦拭这些地方。对讨厌擦拭的猫咪，可以用零食分散它的注意力，边用温柔的声音和它说话边擦拭。

定期挤压肛门腺

column

猫咪的屁屁那里有一个称为“肛门腺”的分泌器官。这里分泌的液体通常会和便便一起排出，但是如果积压在了肛门腺，就会引发瘙痒甚至炎症。

如果猫咪屁屁发臭，可能就是因为分泌物积压过多，用沐浴液洗澡之后，请为猫咪挤压肛门腺。挤压方法是：将猫咪的肛门看作钟表，挤压4点和8点的位置，这时会流出茶色的臭臭的液体。也可以在体检的时候拜托宠物医院为猫咪挤压肛门腺。

培养猫咪每1~2天刷牙1次的习惯

为预防牙龈炎等口腔问题，猫咪也需要刷牙。理想状态是每天都刷牙，至少每2天刷1次。

不要突然使用牙刷给猫咪刷牙，一开始可以用手指触摸猫咪嘴巴周围，让它习惯。如果猫咪不讨厌的话，就可以触摸它的牙齿，然后再使用牙刷，这样一步一步练习。

虽然也有牙齿清洁纸、牙膏零食等产品，但是要清理牙齿缝隙内的齿垢，还是得用牙刷才可以。练习的时候可以将牙齿清洁纸缠在手指上，放到猫咪的嘴巴里。食物残渣等齿垢尤其容易堆积在犬齿后面的前臼齿那里。请翻开猫咪的嘴唇尽快刷干净吧。

牙垢就那么放任不管的话，会变成牙结石紧紧吸附在牙齿上。由于牙结石是细菌的结块，所以附着在牙齿上会引发牙龈炎。

为了预防口腔问题，请好好给猫咪刷牙，体检的时候也请检查牙齿。宠物医院虽然可以去除牙结石，但是需要全身麻醉，会给猫咪的身体造成负担。是否需要去除牙结石，请咨询兽医。

不要使用棉签清理耳朵

关于耳朵的护理，把看到的污垢擦掉就可以。在健康状态下，猫咪的耳朵有自净功能，可以把耳道内堆积的耳垢向外推出去。

清洁耳朵大概2周1次。对于折耳猫，必须把耳朵翻起来才能看到里面的状态，所以尽量多多查看一下。

清洁污垢的时候，用棉布就足够了。如果耳廓（外耳）有黑黑的污垢，可以用棉布蘸温水，轻柔地擦拭。使用棉签的话，如果伸进耳朵里的时候猫咪闹起来，就可能弄伤猫咪，所以还是不要用棉签的好。

如果耳朵的污垢比平时多很多，耳朵里面有气味，或者看起来耳朵很痒，就可能是出现了什么问题，请尽早就诊。

经常擦拭猫咪眼睛周围的黏液和眼泪

当猫咪的眼睛周围被黏液或眼泪弄脏的时候，请及时擦干净。有的小猫在健康的时候也会有泪痕，放任不管的话会变干，就很难擦掉了。另外，如果因为溢泪而流出很多眼泪，那么可能会导致眼睛周围的毛变色。

如果出现眼睛黏液和眼泪比平时多、黏液变成黄色等情况，请及时就诊。也许是某种疾病使眼睛发生炎症，也可能是因为过敏、花粉症而分泌了更多眼泪。

室内饲养也要做好防治跳蚤、蜱虫的万全准备

猫咪即使养在室内，也可能不知道什么时候就染上了跳蚤、蜱虫。跳蚤和蜱虫不仅会给猫咪造成皮肤问题，而且会导致饲主皮肤瘙痒。另外，蜱虫是很多疾病的传染媒介，其中包括进入重症阶段会危及生命的“发热伴血小板减少综合征”。

跳蚤和蜱虫主要活跃在5月至8月。最佳预防措施是在活跃期到来之前就喷洒驱虫剂。虽然市场有售驱虫剂，但宠物医院的处方驱虫剂更有效、更安全。将驱虫剂滴在猫咪颈部的皮肤上就可以。

很多猫咪不适合用除蚤项圈，有的猫咪戴上项圈会频繁地拨脖子周围的毛，有的则会出现湿疹。

了解猫咪健康时的状态，才能及时发现异常

猫咪就算身体不舒服，也不能把“难受想吐”“好疼好痛”说出口。倒不如说，猫咪会掩饰不适。这也是沿袭自祖先的习性，毕竟暴露弱点就可能被其他动物袭击。

因此，如果猫咪不适的表现已经很明显了，那么症状可能就已经相当严重了。饲主绝不能放过猫咪的任何一点点变化。为了及时发现异常，最好尽早掌握猫咪健康时的状态。眼睛、鼻子、耳朵、嘴巴、皮肤和毛发、屁屁周围的情况还有走路方式等，平时就经常关注这些方面吧。

另外，从猫咪小的时候就每天和它对话、轻抚它的身体吧。饲主可以通过抚摸察觉出猫咪的变化，比如可以知道有没有肿块，确认有没有发烧。如果猫咪拒绝抚摸，则可能是因为身体疼痛。不论什么疾病，还是早早发现的好。

每天测量猫咪的体重，把握健康的标准

猫咪因为身形小，所以一点点的体重增减也会带来很大的变化。比如，5 kg的猫咪和50 kg的人类相比，同等重量的增减所带来的变化达到10倍之多。猫咪体重变化100 g相当于人类体重变化1 kg。

很多疾病的症状都包括体重的变化，了解猫咪健康时的体重，对体重增减保持敏感吧。以高龄猫咪中常见的甲状腺功能亢进（第67页）为例，患此症的猫咪虽然在好好吃饭，但体重却在不断减轻。发现猫咪变轻，也许可以帮助发现这种疾病。

只给猫咪称重有点难，可以每天抱着猫咪称体重，之后测量饲主自己的体重，然后相减，就知道猫咪的体重了。

把体重记录下来，看病的时候可以帮助兽医了解病情发展。

以 1kg 为单位的数字体重秤非常方便。

趁猫咪健康的时候，寻找值得信赖的宠物医院

不一定只有在猫咪生病的时候才去宠物医院。接种疫苗、健康体检、驱虫等都可以去宠物医院。不要等到猫咪生了急病的时候才匆忙寻找宠物医院，请事先找到值得信赖的医院，这样更加安心。健康体检的时候去宠物医院，可以了解一下医生和医院职员，看看医院的环境。

一些宠物医院满足“猫咪友好诊所（cat friendly clinic）”这一国际标准。那里有专门进行猫咪治疗与护理的从业者，提供专业、高品质的猫咪医疗服务，值得猫主人信赖。

可以选择比较近、方便去的地方，也可以考虑家庭宠物医生。

每6~12个月进行1次体检

经常关注猫咪的状态很重要，但是有些事情只从外表看是发现不了的。定期带猫咪体检，有助于尽早发现疾病风险。在7岁以前，猫咪应该至少1年体检1次。8岁以后的高龄猫疾病风险增加，最好每半年体检1次。

不同的宠物医院有不同的体检内容。问诊、触诊、看诊、听诊（用听诊器检查）、测量体重、化验血液、小便和大便检查等都是基本项目，多数情况下，可以在此之上增加各种附加项目。

体检的结果如果有异常，可以通过X线或者超声检查进一步了解详细情况。各医院的费用不等，请事先确认。

室内饲养也一定要接种疫苗

保护猫咪不得传染病，接种疫苗很重要。虽然有的饲主可能认为，在室内饲养就不用接种疫苗，但人类也许会从外面将病毒带回来。另外，猫咪寄养在其他地方的时候，还可能被其他猫咪传染。多数宠物寄养店的接纳条件都包括已接种疫苗。

猫咪容易感染的疾病中，有一些甚至会危及性命。请接种疫苗预防感染吧。

疫苗的种类

1. 所有猫咪都应该接种的核心疫苗。

2. 相对必要的非核心疫苗。

疾病名称	三联疫苗	四联疫苗	五联疫苗	可以单独接种
猫病毒性鼻气管炎	●	●	●	
猫杯状病毒感染	●	●	●	
猫泛白细胞减少症	●	●	●	
猫白血病		▲	▲	▲
衣原体感染			▲	
猫免疫缺陷病毒感染				▲

●→ 核心疫苗、▲→ 非核心疫苗

接种的日程安排和注意事项

1 岁之前接种 3~4 次

刚出生的小猫会受到母乳中抗体的保护。出生 3 个月左右，抗体会消失，所以请在这之前接种疫苗。接种的日程安排可以参考世界小动物兽医协会推荐的指南。

世界小动物兽医协会指南（疫苗）

接种日程	参考接种时间
出生后 6 至 8 周接种 1 次	第 6 周
16 周之内接种 2~3 次，每 2~4 周 1 次；6 个月至 1 岁之间追加接种 1 次（起到促进效果，提高免疫力）	第 9 周、第 12 周、第 16 周
6 个月至 1 岁之间追加接种 1 次（起到促进效果，提高免疫力）	第 26 周（第 6 个月）
之后每 3 年接种 1 次（感染风险高的猫咪 1 年 1 次）	3 岁 6 个月（之后每 3 年 1 次）

接种最好在上午进行

建议疫苗接种在上午进行。万一出现不良反应，只要医院还开着就可以立刻就诊。多数出现强烈不良反应的“过敏性休克”会在接种后半小时内发生，所以这半小时最好待在医院或者医院附近。

绝育手术最好在出生后4—6个月进行

如果没有生小猫的计划，可以考虑带猫咪做绝育手术。猫咪在出生后6个月左右会迎来首个发情期，手术时间最好安排在这之前。

如果不做手术，公猫会在8—10个月的时候开始做标记、确认自己的领地（第111页）。母猫在6个月之后的春天或者秋天进入发情期，会发出婴儿哭声般的叫声。

早早做了绝育手术的公猫更不容易患泌尿系统疾病。另外，母猫在首个发情期之前做绝育手术可以有效预防乳腺肿瘤。

基于以上内容以及绝育手术具体的优缺点（如下），请和兽医讨论之后决定是否手术、何时手术。

公猫的绝育手术

摘除睾丸。
多是当天完成手术，或者住院1天。

优点

- 减弱领地意识，降低攻击性。
- 解除性需求的压力，让性格变温和。
- 可以防止猫咪做标记。

母猫的绝育手术

摘除卵巢和子宫。
多需要住院1~2天。

优点

- 可以预防与激素相关的乳腺肿瘤、子宫疾病等。
- 解除发情的压力。
- 可以避免猫咪意外怀孕。

缺点（公猫母猫共通）

- 手术对身体造成负担，麻醉有风险。
- 脂肪代谢能力降低，容易变胖。

还有改善肠道环境的食物喵

预防生病，需要提高免疫力

人类如果免疫力低下，就容易患各种疾病，猫咪也一样。

要提升猫咪的免疫力，首先需要提供营养均衡的优质食物。**多数免疫细胞来自肠道，营养均衡才能形成良好的肠道环境，进而可以提升免疫力。相对而言，营养不均衡则可能引发腹泻、便秘、过敏等问题。一些含有寡糖的猫粮和营养剂有助于改善肠道环境。**

另外，要提升免疫力，没有压力的生活方式也很重要。帮助猫咪好好睡觉、好好吃饭、好好玩耍，为它打造美好生活吧。

如果猫咪正在服用药物，那么营养品可能会改变药物的效果，所以请在使用前咨询兽医。

利用营养品，预防猫咪认知障碍

猫咪的营养品有很多种，但是不要因为觉得“看起来不错”就喂给猫咪。请明确目的之后再喂营养品。

喂营养品的一个具有代表性的目的是预防认知障碍。在猫咪7岁左右开始喂营养品会有不错的预防效果。和人一样，猫咪的认知障碍也是一旦发病就不能完全治愈了。请在发病之前采取有效措施。

除了预防认知障碍之外，营养品还能改善过敏、过敏性皮炎、癫痫等。另外，应对攻击行为、抑郁症状、由强烈的不安或恐惧引起的一系列行为（第111页）等问题，也可以使用特定的营养品。

根据目的好好利用营养品，有助于让猫咪拥有健康的生活。

关于猫的认知障碍

15 岁以上的猫咪有一半会出现相关症状

猫的痴呆（认知障碍）不是由生病或者头部外伤等直接原因造成的，而是随着年龄增加自然出现的。认知障碍会带来诸多变化，包括大脑功能下降，出现运动功能障碍，情绪不稳定，等等。11—15 岁的猫咪有 28% 表现出认知障碍的症状，15 岁以上的猫咪该比重占到 50%。

药物和食物疗法可以延缓进程

虽然认知障碍一旦发病就无法治愈，但是早期发现并采取举措，有可能延缓病情发展。请与兽医好好商谈应对方法。药物疗法和食物疗法都可以作为抑制病情的手段。另外，压力和不安感会导致病情恶化，请为猫咪提供可以安心生活的环境，就算它犯了错也不要训斥，要好好教导。

认知障碍的典型症状

即使出现以下症状，也可能是因为生病、疼痛等其他原因，请好好观察，并咨询兽医。

- □ 总是懒懒地不想动。
- □ 睡眠时间增加。
- □ 没来由地大声叫。
- □ 突然发起攻击。
- □ 在同一个地方徘徊。
- □ 在猫砂盆之外排便的行为增加。
- □ 不再梳毛。
- □ 对饲主撒娇的次数减少。

猫咪常见的5种疾病

猫咪易患的疾病之中，尤其需要注意这5种：慢性肾病、尿道结石、糖尿病、脂肪肝、甲状腺功能亢进。缺乏水分和肥胖是重要的致病因素，请从猫咪小的时候开始注意这些问题并加以预防吧。

慢性肾病

症状

高龄猫常见疾病之一。由于上了年纪或者其他疾病的影响而肾功能下降。初期基本没有症状，但随着病情发展，会出现尿量增加、大量饮水、食欲不振、呕吐、体重减轻、贫血等现象。病情加重的话，会引发尿毒症甚至危及性命。

治疗

肾脏的功能是不能完全恢复的，所以需要通过药物或食物疗法延缓病情发展。关注猫咪的饮水量和尿量，尽早发现异常。从小时候开始充分摄取水分，有助于预防慢性肾病。

尿道结石

症状

尿液中含有的矿物质成分结晶化，会形成尿道结石。饮水量过少，小便会变浓稠，更容易出现尿道结石。这种疾病的表现包括：频繁跑去猫砂盆却尿不出来，小便的时候会痛，尿血。尿道较细的公猫可能会因为尿道结石而患上尿毒症，危及性命。

治疗

根据尿道结石的种类、大小、阻塞情况，可以相应采取食疗改善病情，放入导管疏通尿道，或者手术取出结石。

糖尿病

症状

胰腺分泌胰岛素的功能发生异常，会导致糖分代谢出现障碍，进而引发糖尿病。通常伴随营养不良、免疫力低下以及神经症状等。体质、肥胖和压力都可能是糖尿病的诱因。初期的典型症状是大量饮水，看到这种症状，请尽早就医。其他症状包括：尿量增加，毛发状态变差，明明正常吃饭却逐渐消瘦，等等。病情加重的话，会出现没有精神、脱水、呕吐、黄疸等症状。

治疗

需要控制血糖。有的猫咪使用食物疗法就够了，但是有的猫咪则必须注射胰岛素。

脂肪肝

症状

肝细胞内脂肪堆积过多，造成肝功能障碍，即脂肪肝。中高龄的胖猫如果几天不吃饭则可能诱发脂肪肝。症状包括食欲低下、呕吐、腹泻等，病情加重会出现黄疸、痉挛，甚至导致肝性脑病，危及生命。

治疗

除了药物治疗，重症的情况还可以通过胃管给猫咪输送高蛋白质的流食。最重要的是，不要让猫咪太胖。

甲状腺功能亢进

症状

甲状腺功能亢进是甲状腺激素分泌过剩导致体内组织代谢增强而引发的疾病，多见于高龄猫咪。典型症状包括：躁动不安、大量饮水、小便增加、食欲旺盛但体重减轻等。

治疗

主要有两种治疗方式。

1. 内科疗法，使用抑制甲状腺功能的抗甲状腺药物。

2. 外科疗法，将变大的甲状腺切除。

中医西医双剑并用，互通有无喵

中医疗法也适用于猫咪

通过中医治疗猫咪的疾病相当普遍。猫咪常见的慢性肾病、甲状腺功能亢进，以及膀胱炎、重度便秘、慢性鼻炎等，都可以通过中医进行治疗。

猫咪上了年纪之后，西医常用的抗生素、止痛药、类固醇等药物就不够温和了，于是有的饲主会让猫咪尝试中医疗法。

中医医院会基于猫咪不同的体质和特征，通过提升猫咪身体的自愈力以改善病情。不论针灸还是使用药物，都要让猫咪在没有压力的情况下接受治疗。

医生可能会开具中药处方。中药虽然都很苦，但是可以做成面糊状混进零食或者湿粮里，多数情况下，猫咪都会吃下去。中药不止有粉末状的，还可以做成一定形状的制剂，请根据猫咪的表现酌情使用。

虽然中药基本没有副作用，但是如果药物与体质不合，反而可能使病情恶化。如果想让猫咪接受中医治疗，那么请先向经验丰富的兽医咨询。

让身体暖起来，好处多多

常言道：寒是万病之源。身体寒冷时，血液循环不畅，免疫力也会下降，容易生病。

艾灸可以让身体暖起来，还有缓解疼痛的功效。它不仅是疾病的治疗措施，还可以温暖身体、放松精神、消除压力，达到保健的效果。猫咪对寒冷相当敏感，所以喜欢温暖的东西。有的猫咪在诊察的时候闹来闹去，但是一进行艾灸，就很神奇地老实下来了。

西医的止痛药多会让身体发冷，总让猫咪服用这类药品的话，有时疼痛感反而会加重。中药含有能温暖身体、缓解疼痛的成分，配合艾灸，可以产生不错的疗效。

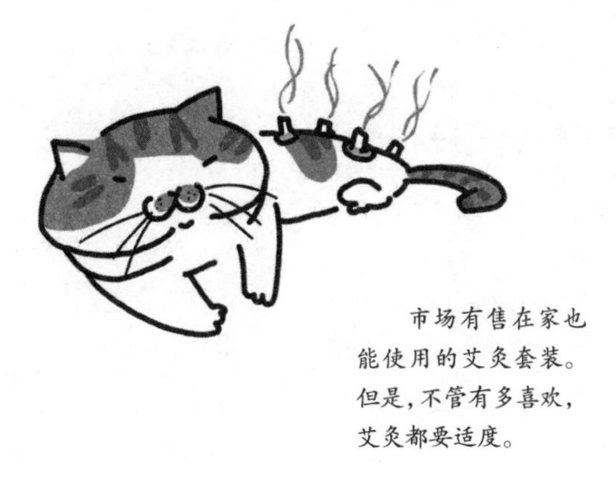

市场有售在家也能使用的艾灸套装。但是，不管有多喜欢，艾灸都要适度。

对猫咪有效的主要穴位

猫咪也有穴位，刺激穴位可以改善气的循环，帮助猫咪保持健康。下图是猫咪穴位的示意图。如果要按摩穴位，请先咨询了解中医学的兽医。

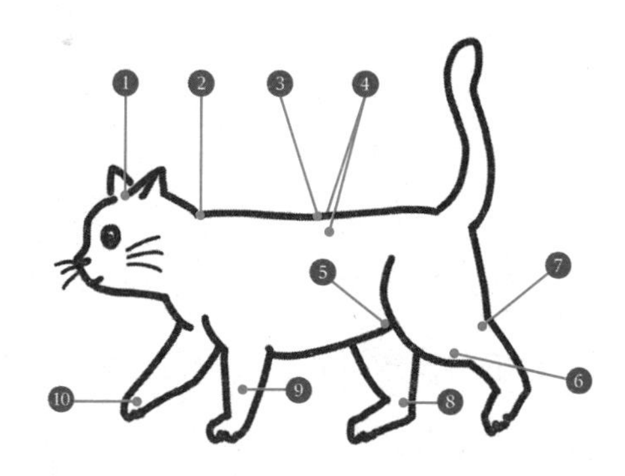

① 头百会

耳朵与耳朵之间，头的顶部。能让兴奋的猫咪平静下来。对癫痫等疾病也有效。

② 大椎

后颈根部，别名“百劳”。调整全身的气血循行，对多种疾病有效。

③ 命门

肚脐正对的背部。与肾俞穴、太溪穴组合刺激，对多种肾病有效。

④ 肾俞

命门发散到两侧的位置。猫是一种对寒冷比较敏感的动物，肾俞穴与命门穴、关元穴一起艾灸，可以让身体变暖。

⑤ 关元

肚脐与耻骨的连线上，从肚脐向下三分之二的地方。对肾脏和肠胃虚弱的猫咪有效。

⑥ 足三里

后腿膝盖的外侧向下一点儿的浅窝。可以改善恶心、腹泻、便秘等消化问题，提高食欲和精气神。

⑦ 阳陵泉

足三里稍微向尾侧后方的位置。可以改善肌肉和关节疼痛，对甲状腺功能亢进以及肝脏、胆囊相关疾病有效。

⑧ 太溪

后腿脚踝的内侧与跟腱之间。是肾脏之气聚集的穴位。对牙齿、骨头、泌尿器官、排便等有功效。

⑨ 曲池

前腿肘部弯曲部分的外侧。有止痒的效果，有助于精神安定。

⑩ 合谷

前爪拇指和食指指根中间的位置。可以改善眼睛、嘴巴、牙齿、鼻子的疼痛问题或相关疾病。

第二章

猫咪的心理健康

这一章带你学习猫咪的压力与性格、大脑与记忆等相关内容，这是了解猫咪心情的必经之路，帮你把猫咪养得悠闲自在、聪明可爱！

“5种自由”守护猫咪的身心健康

以前，在忽视动物福利的时代，牛呀，马啊，都被冷酷地当作工具使用，小动物也常被置于危险的境地，更不用说猫咪的身心健康了，基本没人会关心。

近年来，有一种饲养理念成为主流——把动物看作“有感知能力的生物”，主张尽量让动物过上鲜有压力的生活。该理念也称“动物福利（animal welfare）”，目标是“帮助动物获得精神与肉体的健康以及幸福，与环境和谐共处”。具体来说，充分满足下一页介绍的“5种自由”，是实现上述目标的基本条件。

猫咪只有将这5种自由全部实现了，才能拥有身心健康的生活。没有充足的食物、被关在狭窄的空间、生病没人关心等，在任何一种情况下，猫咪都有可能产生压力、烦躁不安。如果变成长期问题，猫咪就会经常性地处于痛苦和心理压力之中，心理和身体都会陷入病恹恹的状态。

对猫咪来说必要的“5种自由”

①
有吃有喝的自由

为了维持健康，请提供适当的食物和水。

②
舒适的自由

请从温度、湿度、明亮度等方面，打造适合猫咪的饲养环境。

③
无病无痛的自由

请保护猫咪不生病、不受伤，即使生病、受伤也能给予猫咪适时的治疗。

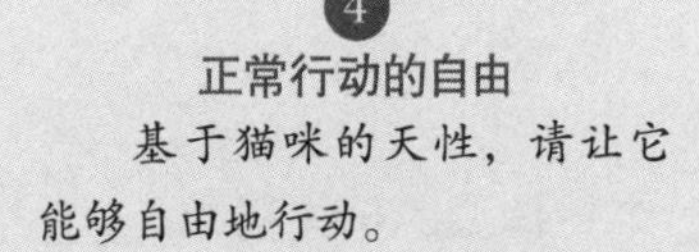

④
正常行动的自由

基于猫咪的天性，请让它能够自由地行动。

⑤
不恐惧、不苦恼的自由

请保护猫咪不受恐惧和苦恼的折磨。

了解猫咪的需求，培养健康的心理

所有生物都有基于习性或本能的行为动机（比如需求、激励）。当这些需求得到满足的时候，就会感到身心愉悦，猫和人都是如此。

需求是有优先级的，顺序如下：

1. 关乎个体生存的需求

饮食、睡眠、呼吸、排便、维持体温的相关需求。

2. 关乎生殖繁衍的需求

性欲、哺育后代的本能等与繁衍有关的需求。

3. 内发的需求

好奇心、控制欲等基于兴趣或者意欲的需求。

4. 情感的需求

“因为开心所以想去做”“因为可怕所以想逃跑”这样的感情需求。

5. 社会性的需求

爱护、让步、攻击等与他人有关联的需求。

如果从这些需求出发，那么“猫咪的健康生活”大概是这样的（家养猫咪进行生殖繁衍的情况较少，这里略去第二条“关乎生殖繁衍的需求”）：

（1）可以在舒适的房间好好睡觉、好好吃饭，可以顺利便便，作息规律有保证；

（2）可以快乐地玩耍，根据自己的兴趣在房间里到处探索；

（3）可以吃到美味的零食，有令猫舒适的抚摸；

（4）和饲主有充分的互动，经常被夸奖。

如果每天都能这样生活，猫咪就会有健康的身心，能够悠闲自在地健康成长。

与其“理解”猫咪的心情，不如“贴近”猫咪的心情

喜欢猫咪的人里，大概有不少都会觉得“只要猫咪在身边就好了”。当然也有人会觉得“不用天天黏在一起的关系才更好”。

但是，“不对猫咪有过多诉求”与“不和猫咪维系关系”是两回事。不应该因为猫咪“孤傲任性”“反复无常”“独立自主”“不添麻烦”就对它放手不管。

猫咪也会经常观察饲主，如果和饲主的互动交流不够，就会累积失落沮丧的心情，做出不良举动。与饲主的互动可以让猫咪的大脑保持活力，有利于猫咪的身心健康。

猫咪的心情也许不好猜。如果强行理解，那么一头雾水的状态是会传递给猫咪的。与其因为“我无法理解”而气恼，不如首先采取“贴近”的态度，比如“虽然不知道它为什么叫，但是来到身边的话我就摸摸它，安慰一下”。

猫咪也想理解主人。

理解猫咪的肢体语言

被抚摸就会“开心”，对陌生的事物感到“恐惧”，这样的感情会通过猫咪的表情和行为表现出来。随着感情的变化，猫咪的耳朵、胡须、瞳孔、姿势、尾巴的形状等都会发生变化。这样的身体表现就是“肢体语言（body language）”。

读懂肢体语言，对于和猫咪的沟通至关重要。饲主如果总是漏读、忽视猫咪的肢体语言，就可能不被信赖，甚至被讨厌。

重要的不是只看耳朵或者尾巴这样的局部变化，而是看整体的状态。另外，还要注意特定肢体语言出现的场景，考虑前后情况发生了什么变化。再者，猫咪的叫声也会传达心情。

请把这些方面结合起来，综合判断猫咪的心情吧。接下来向大家介绍猫咪常见的肢体语言。

面部语言

眼睛（瞳孔）、耳朵、胡须可以传递出明显的信号。瞳孔的大小不仅会因为亮度而变化，还会因为心情而变化。

一般状态

耳朵自然地朝前，胡须也自然地垂着，瞳孔不大也不小，面部没有用力的地方，这是放松的表情。

充满兴趣

瞳孔放大，眼睛炯炯有神。会面朝感兴趣的事物的方向，耳朵会直直地立着，是准备好收集信息的状态。

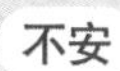

不安

处于逃跑还是不逃跑的纠结之中，还有一点逞强的心理。越是不安，耳朵越会向下，瞳孔会变得圆圆的。

恐惧

瞳孔放得很大，耳朵朝后折起来，胡须被注入力量而方向朝上，还会发出“哈——”的声音作为恐吓。

恐吓

气势强硬的时候，瞳孔会变细、变小，好像在瞪你。耳朵稍微折向后面，胡须朝前。

姿势语言

猫咪越是恐惧或者紧张，就越会呈现身体用力的姿势（第 92 页）。

一般状态

全身都没有用力的自然状态。背部呈直线，尾巴下垂，耳朵朝向前。

隐藏恐惧的威吓

耳朵伏着，背部躬成弧线，全身的毛都竖起来，尾巴直直立起，是假装强势的姿势。

攻击

强势地做出威吓的时候，会为了让身体看起来大一些而抬高腰部。前腿蓄力，好像随时都可以飞身而起。

恐惧

非常恐惧的时候，身体会低伏、弓背。耳朵扁平，尾巴朝下摇摆。

放松

身体团起来，是不能马上逃跑的姿势，也是安心的状态。四肢向内收起来的香箱坐（第 11 页）也是表示安心的姿势。

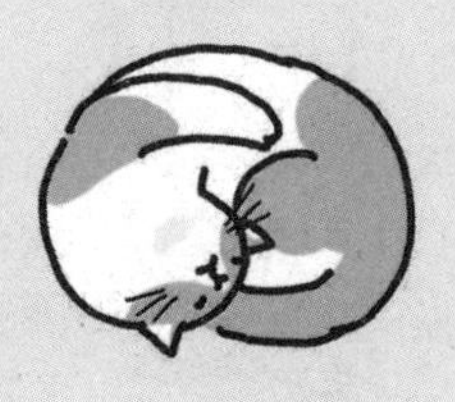

尾巴的语言

摇尾巴不见得心情好，这就是猫咪。

朝下

→ 观察、临战

虽然下垂但是在用力，表示猫咪正保持警惕，处于观察情况的临战状态。

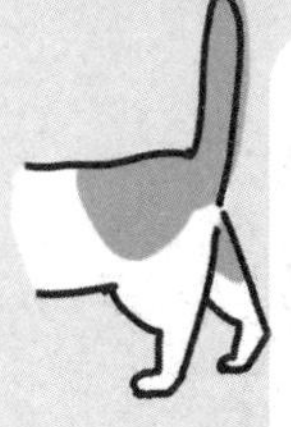

直直向上

→ 撒娇

尾巴有弹力地向上立起来。小猫被母猫舔屁屁的时候就是这样的状态。

猫毛竖起来

→ 威吓、愤怒

明明很害怕，但是还想威胁对方，就会竖起毛。

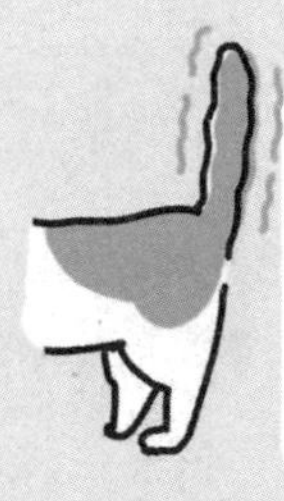

立起来摇摆

→ 开心

立起来的尾巴小幅度地左右摇摆，是高兴的状态。

尾巴末端慢慢摇摆

→ 观望

有点在意，有些不快，是观望的状态。

尾巴末端快速摇摆

→ 感兴趣

尾巴只有末端小幅度地摇摆，视线朝向感兴趣的事物。

大幅度水平摇摆

→ 不耐烦

如果尾巴呈水平方向地大幅度摇摆，就是开始不耐烦的信号。

自然地朝下

→ 放松

自然地垂下尾巴，没有用力，是放松的状态。

通过叫声传递的心情

叫声也是沟通工具的一种，可以告诉主人好多事情。

打招呼、回应

“喵”

向主人、家人等认识的人或者一起生活的猫咪打招呼，以及被搭话的时候做出回应，会轻轻地“喵”一声。

提出诉求

“喵——”

表达“我想吃饭”“我想玩耍”等诉求时，猫咪会撒娇似的叫一声“喵”。如果是“喵——”这样拖得很长，则可能是表达不满。

心情好

“唔喵唔喵”

猫粮太好吃了，不小心发出这样的声音，是心情好的表现。

安心

“呼呼——”

解除紧张感的时候，会发出这种不像叫声更像鼻息的声音。有点像人类叹气的感觉。

好痛！

“给呀！”

尾巴被踩到、被吓到、忽然感到强烈的疼痛时会这样叫。如果听到这样的声音，请确认猫咪有没有受伤。

威吓、恐惧

“哈——！”

为守护自己的领地而发出的警告。为避免争端、驱逐入侵者的时候会这样叫。

兴奋、好奇

“咔咔咔咔咔”

比如看到院子里飞来小鸟，唤醒了狩猎本能的时候，或者玩耍的时候，会发出这样的声音。

呼唤异性

“啊——唔”

发情或者呼唤异性的时候会这样叫，声音相当大，可以传得很远。母猫和公猫都会这样叫。

猫咪的心理也会成长，会拥有相当于2岁半幼儿的感情

猫咪和人类一样，随着年龄的增长，心智也会成长。2—4岁的时候会保持小猫的心智，过了4岁就会倾向于在环境中把握自己的位置，不怎么胡作非为了。对家猫来说，夜晚来回走动的行为也会有所收敛，看起来越发冷静、成熟。

话虽这么说，但猫咪的心情没有人类的那么复杂，主要是愤怒、欣喜、恐惧、惊愕、悲伤等简单的感情，大概相当于2岁半幼儿的感情。

另外，家猫即使长大了也会保留一些孩子气的特质。人类驯化野生动物的时候，会采取能够保留动物天真特质的方法来减少攻击性。猫咪也是这样，所以和野猫相比，家猫似乎更加天真无邪。

再者，家猫因为早早做了绝育手术，没有达到性成熟，所以会保留更多孩子气，相应地做出可爱的举动。

把握猫咪的性格特点，随机应变

胆小、友好、易怒……猫咪也有各种各样的性格。会形成什么样的性格，据说遗传和环境这两个要因各占一半。

从遗传因素考虑，“亲近人类”的特质应该是继承了猫爸爸的基因。如果猫爸爸是亲近人类的，那么继承了这样血统的小猫也倾向于亲近人类。但是有实验证明，即使继承了这样的基因，如果出生之后人类总是对它不闻不问，小猫也会在1岁左右的时候变得讨厌人类。

另外，猫妈妈在怀孕期间承受压力的多少也会影响小猫的性格。母猫的压力越大，生出的小猫就对压力越敏感，换言之，会有很强的警惕心理，会更胆小。野猫通常会有这样的特征，也许就是因为在户外生活的母猫怀孕时经常处于压力和刺激之中。

环境因素也会影响猫咪的性格（第97页）。猫咪在没有压力的环境中悠闲自在地长大，就会成为天真可爱的猫咪；相反，在充满压力的饲养环境中长大，则有可能成为攻击性和警惕性较强的猫咪。

接下来向大家介绍一些能够为猫咪性格带来正面影响的饲养方法。

猫咪的5个性格要素

猫咪的性格由以下 5 个要素组成，每个要素的占比不一，组合起来就决定了性格。以人类的“大五人格 (big five)”为基础，以猫咪为对象进行调整，于是形成“大五猫格 (feline five)”的分类。

※ 以下说明是各种倾向性较高的情况，如果倾向较低则相反。

1. 神经症倾向

容易焦虑、胆小。需要时间来信任对方，也不擅长适应新环境。喜欢自己一只猫生活。

面对神经症倾向性较强的猫咪，请慎重地一点一点接近它。

2. 活泼外向

好奇心旺盛，活泼好动。喜欢主动玩玩具。容易对周围的环境保持兴趣，对其他猫咪也充满兴趣。

外向性和协调倾向较强的猫咪养起来更容易。

3. 支配倾向

容易对其他猫咪还有饲主发起攻击，是狂暴不听话的类型。这种性格在野猫之中比较常见，行为自由不羁。

4. 冲动倾向

心情波动比较剧烈，是行为难以预测的类型。比如昨天还吃的猫粮今天就不吃了。

5. 协调倾向

爱撒娇，对其他动物也很友好。喜欢和人接触互动，适合作为家猫饲养。

让猫咪通过玩耍释放兴奋的心情

容易兴奋的猫咪，从性格上来说冲动倾向占比较高。虽然遗传因素不好改变，但是可以调整环境以及饲养方式中的兴奋要素。请重新审视猫咪需要的“5种自由（第73页）”，比如猫咪的生活环境能不能满足日常的本能需求等。

以运动为例，猫咪如果一直无法运动，就容易变得焦虑、冲动，所以请为它们准备能够释放天性的地方，打造一个可以尽情跑跳的空间，比如放置一个可以上下跑动的猫爬架。

为了防止猫咪因为兴奋或焦虑而自残、攻击、搞破坏，可以通过做游戏来消解这类倾向。猫咪兴奋的根源是需求没有得到满足，请用安全的方法解决这个根源问题，比如稍微用力地挥动逗猫棒，让猫咪发挥狩猎本能。

对于上了年纪的猫咪，认知障碍可能也是兴奋的原因，如果不能通过玩耍解决问题，那么请咨询兽医。

突然兴奋，也有可能是因为想要活动活动。

因为胆小而藏起来的小猫，耐心等它自己出来

遇到害怕的事物，猫咪首先会“跑开藏起来”。在野外生存，这是非常重要的本能。

如果接回家的小猫因为害怕而藏起来的话，请不要叫着名字到处寻找，更不要把它从藏身处拽出来，还是耐心等它自己出来吧。

但是，如果不吃饭、不喝水，身体就会出问题。如果几个小时还不出来，请把食物和水放在猫咪藏身处附近或人类看不到的地方。另外，忍着不去便便可能会导致肾脏疾病，所以猫砂盆也请放在这样的地方。

请确认是不是有什么声音、气味或者可以看到的物体让猫咪恐惧。如果猫咪忽然开始害怕，就请仔细看看环境中是不是有什么异常。

良好的习惯要从幼猫开始培养

“社会化”是指动物为了能够和同伴、人类一起好好生活，从幼年开始习惯各种各样的事情。好好完成社会化的动物可以轻松接受新事物，形成比较冷静的性格。

有不少人都认为狗狗是社会化的，而猫咪天生自由散漫、不需要社会化。其实，猫咪也是需要社会化的，出生后2—9周是“社会化感受期”的关键时期。

在这期间，小猫如果和猫妈妈在一起，或和兄弟姐妹一起生活的话，就可以学习社会化的规则。比如被猫妈妈舔舐、和猫手足玩耍，通过这些认识到其他猫咪并不可怕，并且可以亲身感受玩耍时的力度大小、轻咬的力度强弱等。

家猫最好尽早社会化，以应对今后可能要面对的事情，做好准备去适应可能会遇到的对手。这类事物有很多，包括饲主以外的人类、一起生活的猫咪、宠物医院、猫笼和猫玩具、汽车出行等。

即使接回家的小猫已经超过合适的月龄，也可以花时间，慢慢地社会化（第89页）。

从小小的刺激开始习惯

社会化要一步一步来，先从适应比较小的刺激开始吧。突然让猫咪体验令它害怕的事情，可能会造成精神创伤。

比如，为了让猫咪习惯牙膏和牙粉，不要一上来就把牙刷放进猫咪嘴里，一开始先让它习惯牙刷碰触嘴巴的感觉。不只是刷牙，社会化期间还要让猫咪逐渐习惯被抚摸的感觉。

经历初次体验的时候，可以喂猫咪吃零食，转移它对刺激的注意力。另外，体验之后也请喂一些零食，让这次经历留下好的回忆（第107页）。

对于很多猫咪都不喜欢的宠物医院，可以在猫咪还小的时候就带它定期体验看诊。可以的话，请到“猫咪友好的（cat-friendly）”（第58页）宠物医院。一方面，饲主可以学会如何面对感到不安的小猫；另一方面，这也有助于让猫咪觉得“医院是个好地方”。

即使年龄不小了，也可以通过努力改善

猫咪接回家的时候已经过了社会化的时期，不擅长的事物已经固定了，有客人来就逃跑、看到扫地机就害怕……是不是年龄不小了，社会化就为时已晚了?

从结论来说，花些时间还是有可能完成社会化的。请把猫咪不擅长的事情与可以带来好心情的事情组合起来。对于猫咪讨厌的事情，可以在经历中和经历后喂它吃零食，在“讨厌”“可怕”之上，留下“好吃”“真棒”的印象（第90页）。

以猫笼为例，如果猫咪看到它就逃跑，可以平时就把猫笼拿出来摆在房间里，让猫咪习惯猫笼的存在，习惯之后在猫笼旁边喂零食，然后等猫咪进入猫笼再喂零食，这样一步一步地进行。如此，猫咪会觉得“猫笼=可以得到美食的地方”，转而对猫笼留下良好的印象。

特别的零食要等特别的机会投喂

想让美好的记忆覆盖讨厌的经历，要用特别的零食。平时总吃的食物对猫咪来说没什么特别的，可能到不了留下美好记忆的程度。请使用猫咪最喜欢的零食。

为此，需要观察猫咪吃零食的样子，了解不管什么时候它都很喜欢的零食是哪一种，然后常备一些吧。但是要注意，平时要把猫咪最喜欢的零食收起来，只喂它比较喜欢的种类。

特别的零食可以用于“修改”记忆。另外，如果猫咪走失了，也可以拿着它最喜欢的零食寻找它（第182页）。

遵循常规，偶尔体验新事物

column

猫咪不喜欢变化，没有什么变化的日常可以让它安心。但是，不断体验新事物可以增强猫咪的抗压能力，还可以提高它的适应力。体验新事物的时候，请帮助猫咪留下美好的记忆。

压力会引发的行为

猫咪的“5种自由”里面，如果某一种或者某几种没有得到满足，就会造成压力。其中，当猫咪患上会有疼痛感的疾病，或者感到紧张、不安、恐惧时，猫咪的压力会更大。

感受到压力的猫咪会有各种各样的表现，比如有一个饲主很容易发现的行为，就是猫咪固执地持续舔舐身体的某个地方。这是猫咪出于压力而做出的一种“机械重复”动作，有时会把自己的皮肤舔坏。

此外，其他典型的压力表现包括：

没有食欲；

食欲大增（为了应对压力而积攒能量，导致进食过量）；

变得具有攻击性；

总是跑去猫砂盆，却总也尿不出（膀胱炎的征兆）；

不能便便；

吃下去的东西总会吐出来；

啃咬毛巾等布制品；

一直叫个不停；

耳朵一直动来动去，脑袋一直摇来晃去；

背部出现痉挛。

耳朵一直动来动去，是有压力的表现之一。

如果压力实在太大了，猫咪就会进入抑郁状态，变得没有反应，或者藏起来。请尽早找到压力的来源并采取措施吧。

紧张程度与猫咪姿势的对应图

※ 面部和尾巴等部位与心情的关系，请参照第 78 页—第 80 页。

放松 → 紧张、恐惧

<table>
<tr><th></th><th>身体</th><th>肚子</th><th>脑袋</th><th>动作</th></tr>
<tr><td>特别放松 </td><td>肚皮朝天；横卧睡觉</td><td>让你看到肚子；呼吸缓慢</td><td>脑袋贴着地面</td><td>睡觉；休息</td></tr>
<tr><td colspan="5">比较放松
姿势：伸出四肢横卧，香箱坐，常规的坐姿，等等</td></tr>
<tr><td colspan="5">有点紧张
姿势：四肢贴在地面上，常规的坐姿，抬起头环视四周，等等</td></tr>
<tr><td>相当紧张 </td><td>坐卧、伏卧；站立活动；弓起腰部</td><td>藏起肚子；平常的呼吸</td><td>头部高于身体，并且动来动去</td><td>准备逃跑的样子；观察周围的环境</td></tr>
<tr><td colspan="5">感到害怕
姿势：弓着腰，脑袋晃动，身体伏低活动，等等</td></tr>
<tr><td>特别害怕 </td><td>身体伏低、震颤</td><td>藏起肚子；呼吸加速</td><td>头部比身体低；静止不动</td><td>僵住不动或警戒地走来走去</td></tr>
<tr><td>感到恐惧 </td><td>颤抖地伏低身体</td><td>藏起肚子；呼吸加速</td><td>头在低于身体的位置</td><td>不能动</td></tr>
</table>

通过成就感和满足感来缓解压力

集中注意力做某件事情，可以有效地缓解压力。比如，专心玩耍，专心磨爪子。一天之中，如果专注于某些事情的时间增加了，那么感到漠然、不安的时间也就减少了。

猫咪还可以通过与饲主互动来获得安心感，缓解压力。

猫咪自己缓解压力的话，会出现“转移行为”。这是指，猫咪在感到压力的时候，为了冷静下来或者为了掩盖某种心情，会采取一些不相干的行动。比如你可能看到过，一只小猫本来想跳到高处却失败了，于是赶忙开始梳毛，就好像在掩饰尴尬和害羞、消除沮丧感。

这是自然现象，十分正常。但是，如果压力在身体里持续累积，磨爪子等机械重复的行为也持续下去，就会对生活造成影响。如果遇到这样的情况，则必须采取措施消除不会自然缓解的压力。

专心磨爪子，这也是缓解压力的方式之一。

反思自己有没有溺爱行为

虽说和饲主互动有助于缓解压力，但是互动过多的话，反而会给猫咪造成压力。

猫咪这么可爱，忍不住想摸摸它、抱抱它。这样的心情可以理解，但是无视猫咪心情的溺爱，只不过是饲主自私的自我满足罢了。猫咪走开的话，说明它想和饲主保持一定距离。

另外，如果猫咪在被抚摸的时候耳朵横压、双目半睁、尾巴开始摇摆，就是在说“已经够了”。请对这类肢体语言（第78页—第80页）保持敏锐。好好解读猫咪的心情，不做对方不喜欢的事情才是真正的爱。

了解抗压能力的影响因素

人类抗压能力的强弱是否由基因决定？相关研究发现，有的基因容易让人感到不安，而抗压能力较弱的人可能就拥有那样的基因。

猫咪也有这种可能。正如第84页介绍的“5个性格要素”，有的猫咪天生具有较强的神经症倾向，它们也许不擅长应对环境的变化，且容易感受到压力。协调倾向低、冲动倾向高的性格也容易感到压力。

另外，还有一些影响抗压能力的后天因素，包括：

1. 多只饲养

如果每天吃饭、睡觉都要和对手竞争，猫咪之间就会产生冲突，猫咪会变得欲求不满，进而对压力敏感起来。

2. 早期断乳

早早离开母猫的猫咪容易不安、过于敏感，甚至具有较强的攻击性。

3. 生病

生病的猫咪更容易感到压力。

提高猫咪的抗压能力很难，但是学会恰当的饲养方式，就可以早早发现并处理压力的根源。

“良性压力”可以充实生活与心情

压力并非都是不好的，适当的紧张感可以调节生活的节奏。当这种紧张感解除的时候，猫咪就会产生“太好啦！”“真好啊！”这样的成就感和满足感（第93页），就结果来说，这样的压力是有益的，它被称为“良性压力”。

比如，让猫咪从益智玩具里取出零食，一开始“拿不出来”的压力，会在拿出来的那一刻变成欣喜。又或者，饲主对猫咪进行训练的时候，猫咪虽然一开始会因为被要求而感到压力，但是当清除障碍、获得表扬和奖励的时候，压力就会转变成开心。

这种虽然会感到紧张，但是很快就能消解的压力，就是“良性压力”。

益智类玩具有助于营造良性压力。

最大的压力源——环境的变化

猫咪是不擅长应对环境变化的动物，讨厌不认识的人或事物进入自己的领地。对家猫来说，家就是领地。

比起身处全新的环境来说，周围发生变化所造成的压力会小一些，所以当饲主外出旅行的时候，与其把猫咪送到另一个地方看管，不如拜托宠物保姆照看。

另外，生活的规律被打破也会造成压力。对猫咪来说，重复地在同样的时间做同样的事情就是幸福。比如，一旦决定了玩耍时间，猫咪会在那之前进入准备状态，“开始玩”“好好玩”，大脑早早就开始分泌与此相关的神经递质——多巴胺。

值得注意的是，如果饲主出现在平时不会出现的时间段，或者一起生活的人忽然改变了生活习惯，猫咪就会很敏感。

尽可能地让猫咪度过每天都一样的生活吧，如果的确有什么和往常不同，就尽量让这个变化固定下来成为习惯。

容易让猫咪感到压力的事情

搬家

环境完全变化的新家会造成巨大压力！养猫的家庭在搬家时请参照第 180 页—第 181 页的顺序。

如果担心压力造成不良后果，那么可以在宠物医院开些抗焦虑药，搬家的时候让猫咪吃下去。

γ－氨基丁酸类抗焦虑药在短时间内有效，比较安全，可以平稳心情，降低大脑的敏锐度，甚至弱化搬家的记忆。

装修

家里装修的时候，装修工人进出房间，房间的模样发生改变，这些都会让猫咪压力增大。装修之后，需要在新的家具上再次留下自己的气味，于是会增加“小便宣示领地”的行为。有猫的家庭轻易不要装修，这样猫咪才能安心。

一定要装修的话，请按房间顺序来，把猫咪隔离在没有装修的房间里面（第 180 页）。如果没有富余的房间，最好把猫咪装进笼子，并盖上一层毛巾挡住视线。

饲主有了宝宝

猫咪看到婴儿会警戒起来：“这是不认识的东西。”不过，婴儿不会动来动去造成什么大的威胁，于是多数情况，猫咪也就慢慢习惯了。然而，有的猫咪可能会因为饲主关心宝宝而嫉妒（第 128 页）。

远程工作

饲主在家远程工作，于是在猫咪身边的时间增加了。但这会打破日常规律，猫咪并不会开心。平时睡觉的时间，现在有人在旁边，还打扰自己，于是产生了压力。请到猫咪不在的房间里工作，接触时间以及互动方式尽量和以前一样。

饲主结婚了

不认识的人经常来家里，会给猫咪造成压力。有时会引起猫咪“通过小便宣示领地”的行为。饲主结婚之前，最好经常邀请恋人来家里做客，让猫咪习惯吃恋人喂的零食，慢慢接受新的变化。

与饲主离别

猫咪注意到饲主不在了，会表现出不安。然而，与其说是因为悲伤，其实也有可能是因为日常规律不一样了。即使饲主不在了，只要猫咪自己没有被带走、环境没有变化，相对搬家来说，感受到的压力也许会小一些。

外界刺激

也许不少饲主都觉得猫咪喜欢看窗外，于是在窗边空出位置，或者把猫爬架放在容易看到外面的地方。但是对猫咪来说，外界的景象、声音和气味的刺激可能会造成压力。有的猫咪看到窗外的野猫，可能会觉得它侵入了自己的领地，想发起攻击；或者看到小鸟，想去捉住它，但又做不到。这种矛盾会造成压力。

另外，车辆、施工的噪音以及发情期母猫的气味等也会造成压力。这种时候，请拉上窗帘，尽量隔断外界的刺激。

与猫咪伙伴离别

与和饲主离别一样，虽然会注意到对方不在了，但是只要自身的环境没有变化，就不会有很大的压力。但是，由于没有了一起玩耍的对象，可能会需要饲主的更多宠爱。

压力会引发的抑郁症状

如果猫咪持续承受过多压力，就会出现无精打采、睡不着觉、身体困乏这样的抑郁症状。这方面，猫和人一样，都会出于压力而减少与快乐、欲望相关的神经递质——多巴胺的分泌，变得萎靡、不好动。

进入这种状态的猫咪，可能会藏到房间的某个角落，静静地蜷缩着，没有反应，甚至不吃饭。

出于压力而持续舔舐某一个地方的行为还没有到抑郁的阶段；不管做什么都不能消解压力，于是放弃，变得意志消沉，这才是抑郁状态。

消除压力根源的重要性毋庸赘言，但如果猫咪已经进入了抑郁状态，那么最好尽早送去宠物医院就诊。请向医生好好咨询抗焦虑药的用法、找到并排除压力源的方法，以及处于抑郁状态的猫咪的照顾方式。

睡好、玩好，才能成为“聪明的猫咪”

为了让猫咪变聪明，或者说为了让它的大脑达到最佳状态，可以尝试以下方法：

1. 让它好好睡觉

成年猫每天需要睡14小时，幼猫每天需要睡18小时以上。充足的睡眠可以让大脑充分吸收营养，保持健康。猫和人一样，生物钟非常重要。到了晚上就调暗房间的灯光，到了早上就让房间明亮，这样可以形成生物钟。另外，请为客人来访做好准备，最好有其他房间能让猫咪安心睡觉。

2. 让它尝试新事物

猫咪虽然喜欢稳定不变的生活，但是偶尔挑战新事物有助于促进脑细胞的生长。通过挑战新事物而增加的生长因子，还可以提升记忆力。

3. 消除压力源

长期承受压力的猫咪，大脑“海马”的神经生长会受到抑制，导致记忆力下降。消除压力可以让海马恢复活力。

确定明暗周期，
形成生物钟。

用新的体验、游戏和玩具刺激大脑。

4. 愉悦的轻抚

催产素被称为“幸福激素”，有抑制“压力激素”的效果，对心脏、血管也有好处。乐于和饲主互动的猫咪，大脑会分泌催产素，从而减轻压力，有益于海马。

5. 改善肠道环境

肠道又被称为第二大脑，是非常重要的部位。肠道环境好，记忆力才会好，对大脑相关疾病的抵抗力也会变强。可以喂猫咪含有乳酸菌或双歧杆菌的食物来改善肠道环境。

6. 避免肥胖

肥胖的猫咪体内容易出现炎症，生成名为细胞因子（cytokine）的物质。有研究表明，细胞因子会对大脑的神经细胞功能造成影响。请合理安排饮食和运动，不要让猫咪变得肥胖。

7. 使用益智类玩具

对人类来说，游戏、谜题等有助于提高记忆力和提升集中注意力的能力。猫咪也可以通过玩益智类玩具达到相似的效果（第134页）。

高龄猫咪保持大脑活跃，需要避免压力并吃优质食物

即使是高龄的猫咪，也可以保持大脑活跃。守护大脑的健康，有助于延缓认知能力的下降。

首先，要消除压力源。压力过大是记忆力下降的关键因素。人类可以通过深呼吸减少压力激素，所以也让猫咪能够呼吸新鲜的空气吧。请定期为房间通风换气。

接下来，要为猫咪提供优质的食物，让猫咪能够摄取高质量的营养素。摄取充足的水分也很重要。高龄猫容易水分摄取不足，这不利于大脑的健康。

另外，请好好给猫咪补充维生素C，它可以对抗加速大脑老化的“活性氧”。很多食物都含有维生素C，也可以使用营养补充剂。

当然，这些注意事项的前提是有充足的睡眠和适度的运动。

让猫咪感受“快乐情绪”的饲养方式

要让猫咪记住某些事物或者某段经历，需要让它“动心”。害怕、厌恶、不安等消极情绪，以及满足、快乐、安心等积极情绪都会极大地动摇猫咪的心，于是这样的情绪会和经历绑定起来，留下记忆。反言之，对于不能动摇内心的事物和经历，猫咪会很快忘记。而猫咪强烈厌恶和恐惧的记忆，会成为精神创伤而挥之不去。

如果猫咪记得之前来过家里的人，就是因为觉得这个人很讨厌，或者很讨喜，原因一定是二者之一。猫咪如果曾经从这个人手中吃到了美味的零食，就容易因为积极的情绪而对他留下深刻的记忆。

接下来向大家介绍能够让猫咪感受到快乐的饲养方式。

有氧运动有助于提升记忆力

有研究证明，有氧运动能够帮助人类提高记忆力。有实验发现，每周抽出一定的时间进行拉伸运动可以提高短期记忆力，而每周进行1~2小时骑车锻炼的话，6个月后可以看到长期记忆力有所提升。

对猫咪来说，在房间来回走动、在猫爬架爬上爬下的运动就很合适。饲主可以偶尔诱导猫咪做一做这类有氧运动。

叫名字有好事发生，猫咪就会记住它的名字

猫咪会记住自己的名字。当然，猫咪可能不知道“名字”是什么，但是如果叫了这个名字之后就有饭吃、有主人轻抚，循环往复几次，猫咪就会认为这是个好词汇。然后，再听到名字的时候，它就会朝向你或者跑过来，对这个词做出反应。

猫咪对饲主的感情是相当敏感的，被叫到名字的时候，会察觉当时的环境和饲主的心情。比如饲主将自己喜欢的人的名字作为猫咪的名字，用开心的语气叫它，那么猫咪也会保持好的心情。

另外，以k、g、t、d、h、p、b为声母的音节对猫咪来说更好记。起名字的时候，选择与猫咪特征有关的事物名称或许也不错。

最初把猫咪接回家的时候，最好和家人统一名字的叫法以及表扬用语，方便猫咪识别记忆。不过，如果每个人叫它的方式都不一样，猫咪也会渐渐明白“这个人是这样叫我的啊”。

叫名字越频繁，猫咪记起来越简单。

帮我篡改记忆喵

避免精神创伤，用美好的记忆取代痛苦的经历

猫咪基本都会记得讨厌的事情、害怕的事情还有让自己疼痛的事情。猫咪的祖先可以基于这些记忆，及时躲避危险和威胁，从而不再陷入相同的境地，就此生存下去。

家猫也继承了这种能力，比起好事情，它会更容易保留对厌恶的、惧怕的事情的记忆。如果消极体验变成精神创伤该怎么办呢?

要抚平精神创伤，可以用美好的记忆绑定同样的体验。为此，可以采取“对抗性条件作用”（counter conditioning）的方式。对抗性条件作用是指，同时经历不喜欢的事情和喜欢的事情，并慢慢将这种体验转换成“快乐”的印象。以声音为例，如果猫咪害怕施工现场传来的很大的噪声，则可以首先制造猫咪并不害怕的噪声，同时喂它零食，猫咪吃掉之后，再制造音量更大的噪声，再喂零食。这样重复几次，让猫咪认为“很大的声音 = 零食的前兆”，由此修改记忆。

如果发生了可能会造成精神创伤的事情，请尽快实行这个方法。一个星期内进行2~3次训练，可以顺利更新猫咪的记忆。

用手喂食，提升好感度

有时，由于距离感、相处方式等把握不当，饲主本人会成为猫咪的精神创伤。如果猫咪忽然不接近自己了，就可能是它在警戒什么，或者是饲主被讨厌了。请思考一下可能的原因，是过于亲近它了，还是不小心踩到它的尾巴了？

这时，请尝试提升好感度，改善与猫咪的关系。最好的方法是频繁地做猫咪喜欢的事情。用食物吸引它最有效。喂食的时候，请饲主用手喂。如果用器皿喂食，猫咪就可能只对器皿抱有好感。

如果不小心对猫咪做了不好的事情，请积极地改善关系，而不要只说一句“对不起，下次我会注意的”。

不想让猫咪做的事情就要坚决制止

跳上餐桌，抓挠家具……如果猫咪在做你不想让它做的事情该怎么办呢？要第一时间说“不行”，坚决制止！如果过了一段时间再训斥它，猫咪就不能理解你在说什么了。哪怕只晚了几秒，猫咪的记忆也会淡化，所以关键是要快速制止！

如果没能阻止不好的行为，猫咪就会觉得这是被认可的事情，于是重复这样的举动。

“不行！”的呵斥，配合让猫咪难受的事情，可以更加有效地抑制特定行为。比如喷洒一些猫咪讨厌的喷雾，用扇子扇风。如果饲主被猫咪注意到这讨厌的气味是自己的杰作，就可能会被它讨厌，所以记得从猫咪的盲区制造气味，让它觉得“这样做的话，会从哪里飘来讨厌的味道”。如果发现猫咪的心情变差了，就邀请它玩耍。

但是，如果多次体验同样的事情，猫咪可能就会觉得味道也不算什么，所以建议准备替换方案。

猫咪会有“罪恶感”吗?

碰碎花瓶，或者把纸巾弄得到处都是，猫咪做了这样的事情之后如果对上饲主的视线，也许会露出带有歉意的表情，或者看向别处。虽然表情好像在说“对不起”“糟糕了”，但是猫咪有罪恶感或者感到后悔的可能性很低。

要对自己的行为结果感到后悔，这样的感情需要相当高的认知能力，以及“虽然告诉我不能这样做，但我还是做了”这样的长期记忆能力，而这超过了猫咪的能力。

但是，猫咪可以很好地理解饲主的表情，饲主有多愤怒、当时的气氛有多糟，猫咪是可以感觉到的，看起来抱有罪恶感的样子也许是为了回避对这些事情的感觉。看向别处不是为了逃避惩罚，而是表达“我对你没有敌意”。

另外，如果饲主“啊——”地大叫，或者按住猫咪让它动弹不得，猫咪可能会把这个记成饲主的恶作剧，如果再次碰碎了花瓶，会想起“之前这样做的时候，饲主做了让我讨厌的事情”。猫咪为了不遭受同样的恶作剧，于是逃走藏起来。真遗憾，猫咪不会“没脸见你”。

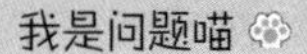

猫咪的问题行为与对策

“问题行为”是指猫咪让饲主感到困扰的行为。这里结合例子，向大家介绍猫咪经常会做出的问题行为以及对策。但不管怎样，首先要解除导致压力的原因。

很多事情因猫而异，对应方法也要具体问题具体分析，所以向专家咨询可以更快地解决问题。建议先到“猫咪友好（第 58 页）”的宠物医院咨询。

问题行为 1

做标记

抬起屁屁向后小便，在墙壁、家具等地方留下自己气味的行为。

对策

- □ 猫咪会把做了标记、留下气味的地方看作“小便的地方”，所以请用洗涤剂等清除气味。
- □ 猫咪会把吃饭和便便的地方区分开来，所以请在容易做标记的地方喂它吃饭。

  →这样做可以让猫咪知道，这里是吃饭的地方，还是不要小便了。

问题行为②

在不合适的地方便便

在猫砂盆以外的地方大便或小便的行为。

对策

- □ 增加猫砂盆的数量。
- □ 清洁猫砂盆。每周彻底清洗 1 次。
- □ 准备几个形状、大小不同的猫砂盆，把形状不同的猫砂放在不同的猫砂盆里，让猫咪选择容易便便的那款。
- □ 如果在猫砂盆以外的地方便便，就在那里喂它吃饭。
  →猫咪不会在吃饭的地方便便，所以会避免把那里作为便便的地方。

问题行为③

攻击行为

啃咬、抓挠饲主或者同住猫咪的行为。

对策

- □ 重建能让猫咪放松下来的关系（第 108 页）。
- □ 确认猫咪是否患上容易进行攻击的甲状腺功能亢奋等疾病。
- □ 记录猫咪发起进攻时的情况，避免再次发生同样的情况。
  →比如一起玩耍的时候猫咪咬了饲主的手，这时可能是把手当作玩具了，那下次玩耍的时候就拿出玩具。
- □ 攻击行为有很多可能的原因，很多饲主都不清楚到底是为什么，相当烦恼。如果感觉危险的话，请尽快咨询专家。

问题行为④

频繁地叫

一直持续地叫。

对策

□ 先到宠物医院就诊，确认是不是生病了。

→猫咪可能因为疼痛、焦虑或者激素分泌异常而发出叫声。

□ 如果是为了吸引饲主的注意，请满足它的需求。

→如果立刻作出回应，猫咪会觉得只要叫一声就能得到想要的，所以回应要求要有度（第118页）。猫咪在因为分离而感到不安（第129页）的时候也会叫。

问题行为⑤

不恰当的抓挠

明明有猫抓板，还在抓挠家具、墙壁的行为。

对策

□ 把猫抓板放在更显眼的地方（第188页）。

□ 增加猫抓板的数量和种类，让猫咪选择。

□ 如果只在饲主在场的时候这样做，那么可能是为了吸引饲主的注意。

→可以通过和猫咪玩耍，转移它想要磨爪的心情。但是，这样也有可能让猫咪把“磨爪”和“要求得到满足”联系起来，所以不要过度。

column

机械重复行为

机械重复是指一味地重复同样的行为。如果饲主叫它也不停下，就很有可能是生病了，请尽快咨询医生。

机械重复行为的常见表现

- □ 持续舔舐身体的同一个地方。
- □ 啃咬布制品。
- □ 持续发出声调一样的叫声。

第三章

与猫咪的沟通二三事

这里总结了能够让猫咪喜欢你的饲养秘诀，包括抚摸方式、对话方式、接近方式、玩耍方式等，带你了解如何使用猫咪喜欢的玩具。

解读猫咪的心情，建立信赖关系

猫和人生活在一起，建立信赖关系很重要。所以，选择合适的方法与猫咪沟通吧。如果信赖关系还没建立起来就突然接近它、抚摸它，是会吓到猫咪的。为了顺利沟通，首先要解读“猫咪的心情”。

可能通过肢体语言判断猫咪现在是什么心情。眼睛、耳朵、姿势、尾巴的状态以及动作等，都在表现着猫咪的心情（第78页—第80页）。首先掌握这些基础的肢体语言吧。

猫咪的叫声也会传达心情（第81页），可以通过叫声更好地理解猫咪。

为了猫咪的身心健康，要保证充足的沟通时间

对猫咪而言，所谓安心就是在舒适的环境里度日，有自己信赖的、最喜欢的饲主在身边。和人类一样，猫咪要保持身心健康，也需要拥有轻松的、令猫安心的生活。

要成为值得信赖的饲主，就需要每天都照看猫咪，抚摸它、和它玩耍，保证充足的交流。如果缺乏沟通，猫咪就不能信赖饲主，那么它的身心健康就会受到影响。

猫咪常常会感到不安、纠结、不知所措。这些压力与各种问题行为相关联，甚至可能引发特发性膀胱炎、慢性肠胃炎、皮肤疾病等（关于压力症状请参照第91页）。

要避免这些问题，饲主就一定要保证每天有足够的和猫咪沟通的时间，包括玩耍、抚摸。逐渐贴近猫咪的心情，一起度过愉快的时光，努力成为被信赖的饲主吧。

理解猫咪的要求，但不要溺爱

和猫咪住在一起会收到各种要求，比如“给我吃饭”“陪我玩”“摸摸我”。只要听到可爱的“喵”的一声，就会想满足它的所有要求，这种心情可以理解。但是，不应该因为溺爱猫咪而让自己的正常生活受到影响，比如睡眠不足。超过一定限度的“无私奉献”无法持久，也没有必要。

首先请推测猫咪的要求是什么。一起生活的话，饲主应该会渐渐了解猫咪想要的是什么，进而可以高效率地满足要求。知道了要求的内容，饲主就能作出合理的回应。

如果是它肚子饿了，就喂它吃饭；如果是它想玩，就陪它玩。饲主的回应一定要遵循猫咪的“5种自由”（第72页）。

需要注意的是，宠爱不等于溺爱，如果过于迁就猫咪，它们可能会越发要求饲主关心自己，提出越来越多的要求，甚至做出不良行为制造问题。

慢慢眨眼是示好的信号

想被猫咪喜欢，就不要做它讨厌的事情，这是最基本的。但是，在和猫咪接触的过程中，有时会不知不觉地就被猫咪讨厌了。不论是接近它的方式还是看着它的方式，都需要考虑猫咪是否喜欢。

在信赖关系建立起来之前就冒冒失失地从正面接近它的话，猫咪会警戒起来。一定记得，要耐心等待猫咪主动接近自己。

另外，不要一直盯着它看。睁大眼睛凝视对方的行为，是猫咪在看到猎物时才会有的表现。这样会让猫咪认为自己“被威胁了”“可能会被攻击”。

不要凝视，但可以面朝猫咪慢慢眨眼。对猫咪来说，眨眼表示“我对你没有恶意”，是表达友好的信号。有研究发现，在猫咪面前慢慢眨眼，猫咪通常也会眨眼以作回应。

请避免做让猫咪讨厌的事情，通过顺利的沟通建立信赖关系吧。

如果向猫咪抱怨，那么最后要说“谢谢你的倾听”

猫咪通常更喜欢女性，大概是因为相较男性低沉的声音，女性轻快的音调更能让它们安心。在和猫咪说话的时候，请有意识地提高音调吧。另外，突然发出很大的声音会让猫咪觉得你在吓唬它，所以请用缓和、放松的状态小声说话。

敞开心扉和猫咪说话吧。虽然猫咪并不理解你说的内容，但是它可以理解你的感情，感知正在说话的你是开心还是悲伤。如果你担心是不是不应该让猫咪听自己讲抱怨的话，就请在最后说一句“谢谢你的倾听”，微笑着向它传达感激的心情。如果以“反正猫咪听不懂，说了也没什么用”来结束单方面的诉苦，就会传递消极的心情，让猫咪也悲伤起来。

下巴的地方有穴位，很多猫咪都喜欢被轻轻抓挠这里。但是也有个体差异，所以请边摸边找猫咪喜欢的部位吧。

撸猫的时间不要超过10分钟

温柔地抚摸猫咪的身体也是沟通的方式之一。平时就习惯被抚摸的猫咪，为它梳毛清理的时候会比较轻松，而且可以通过抚摸确认身体有没有不舒服的地方。

关于抚摸猫咪，需要知道以下几点。

（1）猫咪把头贴过来，表示它想被抚摸。饲主不要厚脸皮地主动凑过去，请等待猫咪自己靠近。

（2）初次见面的时候，请不要从下巴往下抚摸。虽然猫咪之间会相互梳毛，但基本都是舔舐对方的面部。猫咪的天性并不喜欢下巴以下的地方被舔舐或者抚摸，只有自己信赖的饲主可以抚摸下巴下面还有肚子。

（3）抚摸的一方也要放松心情。如果抚摸的人很紧张，或者把抚摸当作不得不完成的任务，那么这种心情也会传递给猫咪。

（4）最长不要超过10分钟。明明是猫咪自己想被抚摸而贴过来的，但是摸着摸着就被咬了一口，这被称为“抚摸诱发性攻击行为”。抚摸的时候请观察猫咪的状态，在它满足之后，变得厌烦之前停下来。

抱抱的时候，猫咪开始摇尾巴就把它放下

对猫咪来说，被抱着就是被限制了行动自由，所以很多小猫不喜欢抱抱。但是，不管是去宠物医院就诊，还是遇到紧急情况要跑去安全的地方，都需要把猫咪抱起来，所以请在平时就让它习惯抱抱。

在猫咪还小的时候就经常抱抱它，这样可以让它习惯被抱。但也有讨厌抱抱的已经成年的猫咪。这时，请先把手覆在它身上，拿零食作奖励，一点一点、一步一步让它习惯抱抱。

有的猫咪喜欢抱抱，但是被抱了一会儿就开始慢慢地摇晃尾巴，这是表示自己有些焦躁了。请观察猫咪的耳朵和尾巴，如果开始出现不快的信号，请立刻停止抱抱（参照第78页—第80页“肢体语言”的部分）。

column

爬上肩膀的猫 要诱导着让它下去

有的猫咪会坐在饲主的肩膀上，这与它们想要从高处环视四周的习性有关。如果强制让它下去，猫咪可能会讨厌你。这时，可以请其他人叫猫咪的名字，用零食或者玩具诱导它，让猫咪自己下去。

猫咪开始可能会因为害怕新环境而不敢动。请把它之前吃过的食物放在旁边，用味道让它安心。

初到家中，要适应猫咪的节奏

把猫咪接回家的时候，也许会想立刻为它做这做那。要让猫咪在这里安心地生活，一开始是关键。如果要接猫咪回家，请注意以下事项。

（1）接猫咪回家之前，请提前准备好需要的物品，在房间摆好。可以的话，放在一个没人来回走动的房间。如果没有多余的房间，就请在人经常活动的场所之外选择一个地方。

（2）带猫咪回来的猫笼，请打开门放置在猫咪主要活动的房间里，人去其他房间。

（3）过一段时间，等猫咪大概适应了，可以悄悄进入那个房间，安静地坐下来。请耐心等待猫咪自己从笼子里出来，等它主动靠近你（这时的对策请参照第124页）。

（4）习惯之后，猫咪就会走出房间，探索其他地方，所以请根据它的节奏，从走进它的房间，到让它和家人以及同居的宠物见面，一步一步来。

猫咪接近的时候，先让它嗅一嗅气味

猫咪冷静下来、主动走出猫笼的时候，饲主应该怎么做呢？即使是猫咪主动接近自己，也绝对不可以突然伸出手摸它。

如果猫咪走过来，首先让它嗅一嗅自己的气味。猫咪是通过闻气味来判断是否安全的。闻过气味之后，如果猫咪觉得“这个人好像没问题”，它就会把脸和身体蹭过来。这时，请观察着猫咪的样子试着抚摸它吧。想早点和猫咪拉近距离的心情可以理解，但是一定不要着急，第一印象很重要。

具体的注意事项会在下一页进行介绍，帮助你以让猫咪安心的方式接近它。

请以握拳的姿势让猫咪嗅气味（参照下一页）。

初次见面需要注意的地方

要让谨小慎微的猫咪变得安心，请慢慢地接近它，留下良好的第一印象！

1 以握拳的姿势让猫咪闻气味

一开始就伸出张开的手，有的猫咪看到手指的长度、手掌的大小可能会害怕。伸出手时请握一个小小的拳。猫咪用脸蹭拳头的时候就可以把手张开抚摸它了，但是握着的手很快“啪”地张开，可能会把猫咪吓跑，所以请观察情况慢慢张开手。

2 不要盯着猫咪看

凝视对方在猫咪看来是一种表现威吓、攻击的信号（第119页）。和猫咪对上视线，可以侧目看向一边，或者慢慢眨眼表示自己没有敌意。

3 确认肢体语言

对于初次见面的猫咪，抚摸要停在脖子以上的部分（第121页）。抚摸的时候，请观察猫咪尾巴等肢体语言（第78页—第80页），如果变得不高兴就停下。

4 猫咪走开的时候不要追过去

猫咪走开是想和饲主保持一定距离，请不要追过去。但是，如果猫咪想邀请你一起玩，走开一段距离回过头“喵——”的一声，这时可以跟过去。

column

如果初次见面不顺利，那么请重新开始

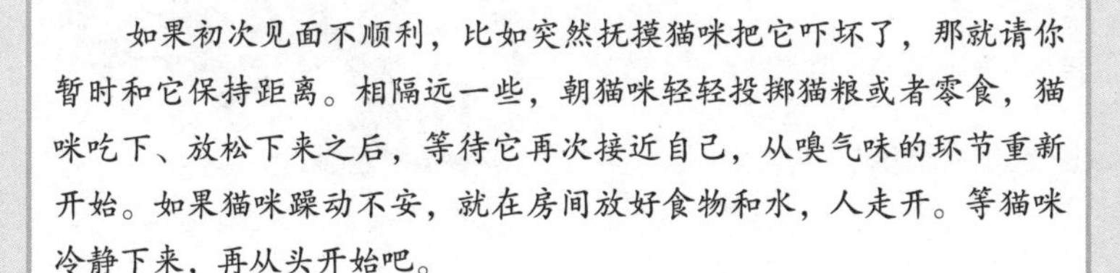

如果初次见面不顺利，比如突然抚摸猫咪把它吓坏了，那就请你暂时和它保持距离。相隔远一些，朝猫咪轻轻投掷猫粮或者零食，猫咪吃下、放松下来之后，等待它再次接近自己，从嗅气味的环节重新开始。如果猫咪躁动不安，就在房间放好食物和水，人走开。等猫咪冷静下来，再从头开始吧。

留意不亲近饲主的猫咪

有的猫咪会想和饲主保持距离，但并不一定就是喜欢维持淡薄疏远的关系。不要擅自断言它“喜欢一个人待着啊”，或者“真是独立的孩子呀”。猫咪不亲近饲主可能是出现了什么问题，和猫咪的相处方式也需要重新审视。不喜欢亲近饲主的猫咪，根源上可能还是因为不安，比如不信任饲主。

饲养多只猫咪的时候，如果有小猫和其他猫咪保持距离，那么请留心它的情况。

猫咪有谦让的习性。比如，它即使想和饲主交流互动，也会把一起玩耍的机会让给一起生活的其他猫咪。然而，因为猫咪本身是想和饲主玩耍的，所以这样就会抑制自己而形成压力。另外，如果吃饭、喝水的器皿，还有猫砂盆数量不够，猫咪也会让给其他猫，无法满足自己的需求。也有猫咪讨厌这种集体生活特有的问题，所以选择独处。

首先，请为猫咪准备舒适的环境，让它可以安心吃饭、喝水、便便；再者，注意为每只猫咪都空出交流互动的时间。

并不一定就是“独行侠”。

“喵——”地和你说话的时候，请作出回应

小猫会对母猫“喵——”，但成年猫之间不会这样叫。成年猫只会对人“喵——”，也许是因为把饲主当作了母猫。

猫咪对饲主叫，可能是打招呼的“欢迎回家”，也可能是“我饿了”“摸摸我”这样的要求，总之有各种理由（参照第81页）。活泼、好奇心强的猫咪更容易经常喵喵叫。

当猫咪和你说话的时候，请给出反应，这也是沟通的一部分。得到饲主的回应可以让猫咪很开心，哪怕只是一声“来啦来啦”“什么事呀”。

但是，如果上了年纪的猫咪叫声越来越多，则有可能是认知障碍（第65页）等原因造成的，请带猫咪去宠物医院检查一下。

抱着宝宝的同时抚摸猫咪，重复多次，让猫咪觉得“饲主抱着宝宝的时候会有好事发生”，可以优化猫咪对宝宝的印象。

抑制嫉妒，要把嫉妒对象与好情绪联系起来

猫咪也会嫉妒。经常听说，如果饲主对其他猫咪宠爱有加，那么它就会嫉妒。但不只是同类，猫咪还会嫉妒人和事物。饲主照顾宝宝的时候，和伴侣独处的时候，沉浸在电话粥里的时候，等等，都会引起猫咪的嫉妒。猫咪可能会为了吸引饲主的注意而做出攻击性的行为。

一起了解一下抑制猫咪嫉妒心的方法吧。

· 增加陪伴猫咪的时间。但是，如果立即满足猫咪的要求，它可能就会觉得攻击行为能有效吸引你的注意。请对猫咪提出要求，比如对它说“过来”，让它没有机会发起攻击。

· 当自己的地盘被夺走了，或者日常规律被打破了，猫咪就会表现出激烈的嫉妒情绪，甚至发起攻击，所以请给猫咪一定的私有空间，让它安心生活。如果房间一定要做出改变，那么请一点点地完成。

· 饲主在接近猫咪嫉妒的人和事物的时候，可以喂猫咪零食，或者抚摸它。这样，猫咪会把嫉妒对象与“积极情绪”（第104页）联系起来，进而接纳嫉妒对象。

应对分离焦虑，请吃好早饭

猫咪看不到饲主的时候会感到不安，这就是“分离焦虑”。如果任其发展，则会变成和承受巨大压力一样的状态，出现腹泻、呕吐、食欲不振等症状，还会一直发出叫声、过于频繁地舔舐自己、跑来跑去搞破坏等。

为了不让猫咪在独处时过于不安，请为它准备自己看家时可以好好玩的玩具、可以安心睡觉的猫窝、可以饿了就有饭的自动喂食器，还有足够多的猫砂盆。另外，吃好早饭有助于提高猫咪的满足感、抑制不安情绪，所以也请把吃好早饭作为应对猫咪分离焦虑的方法之一。

如果分离焦虑的情况持续加重，可以采取有效的药物治疗，比如使用抗焦虑药物等，请咨询兽医。

邀请猫咪玩，请选择早上或傍晚

保证一起玩耍的时间，是交流互动的重要环节。

猫咪是一种喜欢规律活动的动物，喜欢每天在特定的时间做特定的事情。玩耍也不例外，请在每天同样的时间段，预先留出和猫咪玩耍的时间吧。猫咪在清晨和傍晚最活泼好动，理想的玩耍时间也在这个时间段内。

当然，玩耍时间也要和饲主的生活习惯相适应。早上起床或者吃过早饭、晚饭的时候，一次只玩5分钟也可以。请在猫咪活跃、饲主有空的时候，通过玩耍来互动交流吧。然而，饲主即使有时间，也要观察猫咪的状态，在它玩够、玩累之前停下来，让它抱着“我还想玩”的心情结束玩耍。

判断猫咪是否玩够了，可以看它是否有以下表现：不太想动了，对玩具的兴趣减弱了、视线转到其他地方，想要和一起玩的饲主隔开一定距离，等等。这些都是已经玩够了的表现。另外，结束玩耍的时候，要让猫咪的狩猎本能得到满足。

结束玩耍的时候要让猫咪有成就感

猫咪在玩耍的时候，大脑会分泌一种名为“多巴胺”的激素，它会引发追逐的冲动和激动的心情，是野生动物在狩猎时会分泌的物质。如果多巴胺还在分泌过程中就结束玩耍，猫咪可能会因为还想玩而做出恶作剧等问题行为。玩到最后的时候，请用替代猎物的玩具让它捕捉。“抓到啦！”“太好啦！”猫咪有了这样的成就感，就会分泌带来幸福感的激素“内啡肽”，于是可以心满意足地结束玩耍。

猫咪玩够了、想要保持距离的时候，饲主不可以继续靠近它说“再玩一会儿嘛”，那样可能会让猫咪焦虑、烦躁。如果猫咪看起来还想玩，可以给它能自己安全玩耍的东西，比如磨牙布偶。

选择可以释放猫咪狩猎天性的玩具

猫咪的玩具有很多种类，其中，能够释放狩猎天性的玩具最受猫咪喜欢。下一页介绍了一些能够发挥猫咪狩猎本领的玩具及其使用方法。

另外，对于喜欢躲猫猫的猫咪来说，钻进类似隧道的狭窄空间也是它们喜欢的游戏。可以把小球扔进隧道里让猫咪去追，体会狩猎的快乐。

还有一些猫咪听到“沙咔沙咔”的声音时会产生狩猎本能，因为这类似猎物活动时发出的细微声音。但是，也有猫咪听到“沙咔沙咔”这样音调很高的声音会癫痫发作，所以初次使用这种玩具还请注意。

猫咪喜欢的玩具及其玩法

使用可以模仿猎物活动的玩具，释放猫咪的狩猎天性。

❶ 球类

野生的猫咪会捕捉老鼠、虫子等在地面活动的猎物。请选择能够产生相似运动的、可以滚着玩的玩具。可以和饲主互动，也可以让小猫自己推着玩。

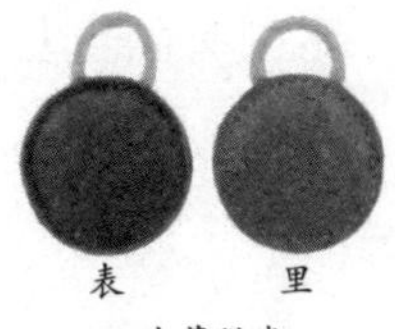

皮革猫球

❷ 逗猫棒

让猫咪追逐啃咬的最佳玩具是逗猫棒。请模仿小鸟展翅飞翔的动作，上下挥动逗猫棒。猫咪踮起脚就像去捕捉真正的小鸟，这时最兴奋了。

皮革逗猫棒
铃铛逗猫棒

❸ 磨牙布偶

猫咪会伏击兔子之类的动物，突然扑上去，咬住脖子击倒对方。磨牙布偶可以代替猎物，满足猫咪的这种天性。

磨牙玩具
耐咬皮革
最强大虾

活用益智类玩具，让猫咪通过思考获取零食奖励

小孩子有各种各样的益智类玩具，有的能锻炼脑力，有的能活动手指。猫咪也有益智类玩具，可以在玩耍的同时锻炼大脑。比如有的玩具里面装有零食，猫咪需要用前足滚动它或者滑开盖子来获取零食。猫咪很擅长使用前足，操作相当轻车熟路。

对自己看家的猫咪来说，益智类玩具也可以帮助打发时间。另外，饲主不能陪着一起玩耍的时候，如果让猫咪沉浸在益智玩具中，就可以防止它恶作剧。把猫粮放到玩具中，需要花时间才能吃到的话，还有助于猫咪减肥。

了解一些猫咪喜欢的益智类玩具有益无害。

了解猫咪想要玩耍的信号

悠闲的时候，饲主会想和猫咪一起玩，但是对猫咪来说却很麻烦，可能会想：“别吵啦，安静地休息吧。”

和猫咪一起玩，最好选在清晨和傍晚。

猫咪想玩耍的时候会传递一些信号，比如明明不应该是肚子饿了，却把脑袋或者身体贴过来撒娇，或者仰头看天、露出肚子让你看到。这些表现就是想玩耍的信号。捕捉这些信号，在猫咪想玩的时候一起玩，可以提升猫咪对你的爱与信赖。

饲养多只猫咪的时候，请确保和每一只猫咪玩耍

如果饲养多只猫咪，它们通常不会想一起和饲主玩耍，也不想一起玩同一件玩具。猫咪出于习性会相互谦让（第126页）。另外还有谨慎害羞的猫咪，如果其他猫咪都争着和主人玩，自己就会生出又想玩、又不能玩的矛盾。对于这样的猫咪，请在另一个房间和它一对一玩耍。

没有玩伴的时候，给猫咪可以自己玩的玩具

有时猫咪发出一起玩的邀请，但是饲主却没有时间，比如正忙着干什么脱不开身，或者正要出门手忙脚乱，不能和它一起玩。

就算只有5分钟也好，最好可以拿玩具稍稍陪它玩一会儿。但是如果无论如何都不能陪它，就请给它可以自己安全玩耍的玩具。这种玩具没有被猫咪不小心吞下去的危险，可以在没有饲主陪伴的时候让猫咪自己玩。

另外，特殊的玩具平时不要随意地摆出来。对于经常玩的玩具，猫咪可能会渐渐失去兴趣。为了预防万一，特殊的玩具平时收起来，这样才能在特别的时机拿出来发挥效果。

玩具的种类越多越好

如果玩具都一样，那么猫咪是会厌烦的。玩具的种类多一点儿会比较好。

逗猫棒就有很多种，有带长线的钓竿型的，有弯钩或者金属型的。逗猫棒上系着的东西也多种多样，有布偶、小球、羽毛、丝带等。常备几种不同类型的玩具，换着玩耍，这样猫咪会觉得是在狩猎多种猎物，可以获得很强的满足感。

另外，不同年龄的猫咪兴趣不同。比如，幼年时期还沉迷于追逐饲主投出的小球，但是随着年龄增长可能就渐渐失去兴趣了。请观察猫咪的反应，配合年龄为它更换玩具吧。

对于猫咪喜欢的布偶，要保留上面的气味

有的猫咪会有一个从小就一直喜欢的布偶。这种情况，与其说布偶是玩耍的对象，不如说它已经成为猫咪爱着的伙伴。

从习性来看，猫咪会对有自己气味的东西感到安心。不管是给关系好的猫咪舔毛，还是贴着饲主蹭来蹭去，都是这个原因。

一直在一起的布偶有了自己的气味，就是令猫安心的对象了。饲主可能出于卫生考虑，会想清洗布偶，给布偶除臭、除菌，但是对猫咪来说，则意味着失去了一个好不容易才渗透自己气味的安心的对象。如果可以的话，请对稍微有点脏的布偶睁一只眼闭一只眼吧。

看电视的猫咪可能会欲求不满，请留意

“我家那‘毛孩子’，总是看电视。”有的饲主会这样说。其实，有的猫咪是在看电视里活动的动物或者滚动的足球，有的是在观察天气预报员手中挥动的指示杆……它们看起来好像玩得不亦乐乎。

如果只是带着兴趣看电视，那没问题。但是如果像要捕捉动态物体那样前足立起来的话，就可能是进入兴奋状态了。虽然猫咪兴奋起来了，但是不管多努力，毕竟还是无法捕捉到屏幕里的东西，而不能捕获猎物的事实可能会造成猫咪欲求不满。如果发现这种情况，请使用逗猫棒，让它得到“抓住啦”的成就感和满足感吧（第131页）。

column

养猫的好处

猫咪被抚摸而感到舒服的时候，喉咙会发出“咕噜咕噜”的声音。据说这个声音的频率可以让听者的副交感神经活跃，有消解压力、提高免疫力等效果。另外，这种声音还有助于听者分泌被称为“幸福激素”的5-羟色胺。

猫咪真的能带来这些神奇的影响吗？有研究发现，和不养猫的人相比，养猫的人出现脑梗死、心脏病发作等问题的概率更低。

还有研究发现，养猫有助于延缓人类认知障碍的进展。认为猫咪可爱，有着照顾它的意愿和责任感，也许这也有助于人们调节生活节奏和心情。

再者，在饲养包括猫咪在内的宠物的家庭里，小朋友对动物过敏的可能性似乎也更低。

原来和猫咪一起生活，对饲主也有这么多好处呀。

和猫咪一起生活，可以为饲主的身心带来明显的积极影响。

第四章

猫咪的生活二三事

猫窝打造、生活节奏、猫咪用品、出门、看家等，这一章向你集中介绍猫咪日常生活的相关内容，以及应对猫咪走失、突发灾害等紧急情况的方法。

前一天晚上准备好猫粮和猫砂盆。

不用过分顺应“猫的时间”

假期想多睡一会儿，但是担心猫咪早上饿肚子……这的确是一些饲主的心声。

虽然迎合猫咪的生活方式很重要，但是饲主如果因为没睡够而焦虑、易怒，就会对猫咪造成不良影响。猫咪也可以在一定程度上适应饲主的生活节奏（参照下一页），所以有一点时间差也不用担心。

话虽如此，如果想在假期的早上悠闲地多睡一会儿，就请在前一天晚上做好准备，包括在自动喂食器上设定好早饭时间，清理好猫砂盆，等等。如果做了这些准备，猫咪还是一大早就来找你，那么可能是因为自动喂食器的时间设定不符合它的需求，可以试一试调整时间。

另外，前一天晚上好好和猫咪玩耍的话，它大概也要睡懒觉了。

不要过分打乱猫咪的生活节奏

猫咪是在人类身边生活了很久的动物，它们虽然具有在清晨和傍晚会变得活跃的习性，但是也可以在一定程度上适应人类的生活节奏。

有关于猫咪活动时间的实验证实，猫咪的活跃时间集中在早晨和傍晚。这符合早晨饲主起床喂早饭、傍晚饲主回家喂晚饭的时间，虽然可能有一定的时间差。

另外，该实验发现：周末的早晨，猫咪的活跃度峰值似乎比平时稍晚一些，也许是在迎合饲主睡懒觉的时间。

可以看到，猫咪能够迎合人类的生活节奏。但是如果节奏被扰乱得太严重的话，就会给喜欢规律生活的猫咪造成压力。还请尽量迎合猫的时间，为猫咪着想。

季节差异

猫咪生活的注意事项

猫咪虽然在室内饲养，但也会受到季节的影响。一起了解不同季节需要注意哪些不同的事情吧。

春

- 时值换毛期，容易掉毛。短毛猫也需要梳毛。
- 由于掉毛增多，猫咪咽下的猫毛也会增多。请注意毛球症（第 49 页）。
- 没有做绝育手术的母猫进入发情期。请注意其与公猫的接触。
- 5 月以后，跳蚤、蜱虫、丝虫（寄生虫）进入活跃期。室内饲养也要采取预防措施。

夏

- 食物和水容易变质的时期。尤其需要注意水分较多的湿粮。盛放猫粮的袋子也请不要放在潮湿的地方。
- 请注意跳蚤、蜱虫等引发的人兽共患病（能够传染给人类以及猫咪的疾病）。
- 为了避免“夏季倦怠症”导致食欲低下的问题，请做好室温管理并想办法增进猫咪的食欲。

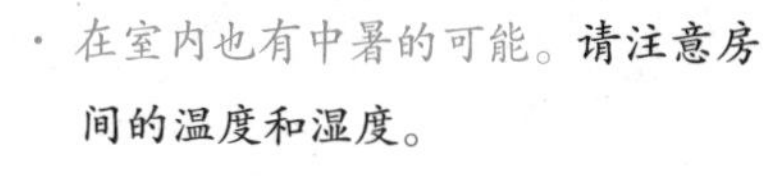

- 在室内也有中暑的可能。请注意房间的温度和湿度。

秋

- 夏季的疲劳加上季节的更替可能会降低免疫力。请注意预防传染病。
- 天气变凉，食欲增加，容易变胖。请好好进行体重管理。
- 和春天一样，秋天也是换毛期。请记得为猫咪认真勤梳毛，谨防毛球症。

冬

- 空气干燥、病毒增殖的时期。饲主注意不要将病毒带回家，也不要忘记给猫咪接种疫苗。
- 由于寒冷，饮水量可能有所减少。泌尿系统疾病容易发病，请做好对策，比如在温暖的房间设置多个猫咪饮水的地方。
- 被炉、电热毯等容易造成低温烧伤。长时间使用请注意猫咪的皮肤情况。
- 圣诞节还有年末年初，家里来太多客人的话会给猫咪造成压力。开门关门时，猫咪逃走的风险也会增多。请好好观察猫咪的状态。
- 圣诞节经常出现的圣诞红植物以及圣诞花环对猫咪是有害的。装饰这些物品的时候请注意放置场所。

首先准备猫窝、猫砂和藏身处

“猫咪的美好生活”是什么？是有一个猫咪可以感到舒适和安心的环境。这样的环境首先要有舒适的猫窝（睡觉的地方）、干净清洁的猫砂盆，还要有可以安心藏身的地方，缺一不可。

和睡觉的地方不一样，藏身处是猫咪在被来客或者声音吓到的时候可以躲藏的地方。可以准备入口较窄的猫窝或者箱子。把平时不用的房间当作猫咪的藏身处也可以。虽然床底和家具之间的缝隙也可以成为藏身处，但是万一遇到紧急情况，很难将猫咪抱出来。

睡觉的地方是猫咪不会感到危险、可以安眠的地方，最好设置在较高的、有阳光照射的地方。

猫咪喜欢干净，所以干净的猫砂盆必不可少。理想状态是猫咪便便之后立刻清理，如果很难做到的话，也可以多放几个猫砂盆。

确保活动空间也非常重要，为猫咪提供可以玩玩具、上下跑动的空间吧。

另外，为了防止猫咪离家出走，请确认家中没有猫咪可以通过的出入口。

确保高度差，让猫咪有能够从高处环视整个房间的地方

除了狭窄的地方，猫咪还喜欢能够环视整个房间的高处。不要只让它在地板上玩，最好为它准备可以尽情地上下跑动的地方。虽然市面上的猫爬架品类繁多，但是并非所有房间都能空出合适的摆放位置。

这种情况下，可以将高度不同的家具摆在一起，制造出高度差，让猫咪可以自由地跑动。为了不让家具在猫咪的跑跳过程中倒下或者移动，请选择稳固的家具，或者把家具固定在墙面、地板上。

在最高的地方摆上猫咪喜欢的猫窝、毛巾、坐垫等就更好了，让猫咪可以在这里睡觉。只要可以安心地睡觉，这里应该就能成为猫咪喜欢的睡眠空间。

使用空调的除湿功能，温度设定在27~28℃

猫咪感到舒适的温度在23~28℃。但是，舒适的温度也因猫而异。请好好观察猫咪的样子。

比温度更需要注意的是湿度。高温、潮湿的天气对猫咪来说是十分难受的。为了避免中暑，请使用空调的除湿功能，湿度设定在50%~60%。

请为猫咪营造一个可以避开空调风的地方，或者确保它可以离开有空调的房间。开窗通风的时候，一定确认猫咪无法从窗户跳出去。

猫咪的汗腺很少，不擅长调节体温

负责调节体温的汗腺几乎遍布人类的全身，体温升高的时候，汗液会从那里排出来降低体温。猫咪的汗腺只分布在肉垫和鼻头上，很难通过排汗散热。炎热对于猫咪是致命的，所以要好好管理室内温度。

确认猫咪是否讨厌无极荧光灯或者LED灯

无极荧光灯和LED灯虽然构造不同，但发光都是通过人眼无法察觉的频闪而实现的。

由于猫咪具有强大的动态视力，所以能够感受到无极荧光灯、LED灯的频闪，有的猫咪会非常厌烦。在室外饲养的猫咪不会走进客厅，夜晚开灯的话会离开房间，这可能就是因为猫咪不喜欢频闪的无极荧光灯或者LED灯。

相较而言，白炽灯没有这种问题，对猫咪的眼睛更友好。但是，白炽灯会散发热量，如果猫咪碰到灯泡会很危险。如果是间接照明的情况，请确保照明装置不会倒下或摔落。

保护猫咪的眼睛，使用浅色的壁纸

猫咪的眼睛和人类一样有可以识别色彩的“锥体细胞”，但是猫咪锥体细胞的数量大概只有人类的1/10，所以很有可能难以清楚地识别颜色，尤其是不能区分红色与其他颜色。但是，猫咪的“视杆细胞”（感受光的细胞）比人类的多，所以哪怕只有一点点的光，也能够看到活动的物体。

猫咪的眼睛可以在昏暗的光线下准确地搜寻到活动的物体，从这个特性考虑的话，太过明亮的环境会给猫咪造成压力。最舒适的亮度就是从窗外照进来的自然光。

壁纸也请用能让猫咪的眼睛感到舒适的颜色。推荐白度适宜、较为明亮的自然色，以及柔和的黄色、紫色等让猫放松的颜色。另外，强烈的花纹能够刺激交感神经，容易让猫咪兴奋，所以避免使用。

使用静音效果好的空气净化器

猫咪的毛发、皮屑是饲主烦恼的源头之一。作为对策，不少家庭都使用空气净化器。房间的空气变干净对猫咪也是好事。近年来，患上花粉症的猫咪也逐年增加，所以带有去除花粉功能的净化器也许会不错。

但是，有的猫咪会因为空气净化器的运作声音而感到压力。请在购买机器的时候，选择静音效果好的款式。

从把猫咪接回家就开始使用空气净化器，也有助于让它习惯这种声音和这个机器的存在。

餐具、猫砂、猫窝相距2米以上

房间的布局和大小每家都不一样。但是，不论是什么样的布置，都应该确保猫咪有可以躲藏的地方，以及能够环视整个房间的高处（第146页—第147页）。以这两个地方为前提来布置房间吧。

一居室

猫咪便便、吃饭和睡觉的地方之间相隔至少要在2米以上。不要设置在电视机或者门的旁边，也不要放在人类经常活动的地方，因为这些地方都不够安静。

另外，虽然能让猫咪上下跑动很重要，但是也一定要有能够玩玩具、短距离快跑的空间。不要在房间的中央摆放家具，为猫咪留出足够的空间吧。

column

猫粮不要贴墙放

也许很多家庭都会把猫粮放在墙边，但这样会让猫咪在吃东西的时候背部处于无防备状态，所以猫咪并不喜欢。请把猫粮放在可以背靠墙吃的位置，或者尽量放在能够环视整个房间的位置。

多个房间

基本和一居室的情况一样，不过可以在猫咪经常待着的房间以及另一个房间都放上猫砂盆和猫粮。这种户型的家庭也许饲主和家人生活在一起，放置猫咪用品的时候，也请考虑家人的活动范围。

双层独栋

基本和多个房间的户型情况一样。因为房间多、有楼梯，所以注意不要把猫砂盆、猫粮放在猫咪不好到达的地方。猫抓板也请放在猫咪容易看到的地方（第188页）。

根据猫咪的活动路线设置多个饮水的地方，这样有助于增加猫咪的饮水量。如果猫咪会爬楼梯，也请在楼上做好准备。

上了年纪的猫咪也需要可以攀爬的地方

猫咪的生活方式会随着年龄增长发生变化。幼猫还小，不擅长攀爬，需要有可以在地面上玩的空间。对于成年猫，则需要确保它在较高的地方有活动空间。

上了年纪的猫咪，尽管运动能力会衰退，但还留有想爬上高处的本能。哪怕比之前的位置低一些也没关系，请为它设置阶梯或者坡道，让它能够比较轻松地爬上去。

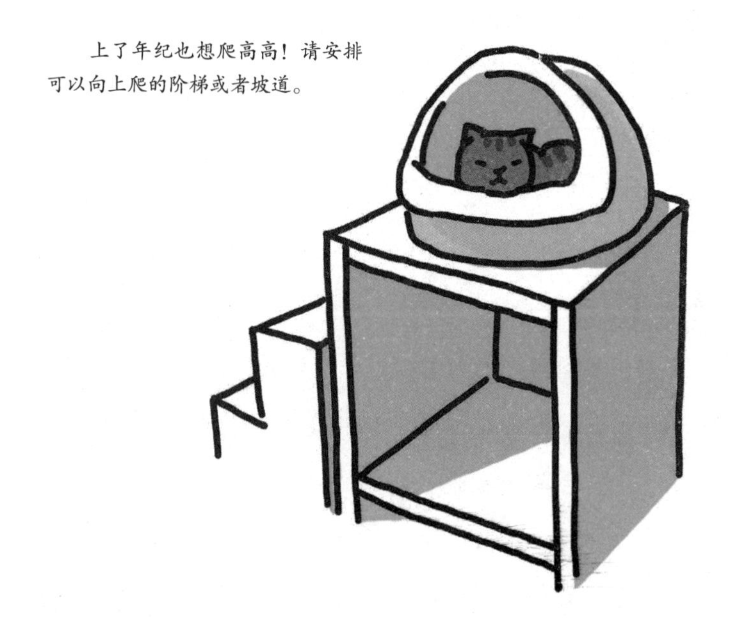

看护猫咪的方法

猫咪上了年纪或者生病了，都需要看护，于是饲主可能会想把猫窝放在自己的视线范围内。

如果猫咪没有排斥或者感到压力的话，移动猫窝没有问题。但是，如果新的地方经常有人出入，在其他猫咪的旁边，或者离电视机很近，那么猫咪就不能安心睡觉了。

不论吃饭还是便便，猫咪想做的事情，只要能做请尽量让它自己做，这样有助于维持猫咪的运动功能，提高猫咪的生活积极性。请降低猫砂盆入口的高度，设置可以爬升的坡道，选择成分和硬度适宜的猫粮，从而让猫咪能够自己进食。请为高龄猫咪打造适合它的生活空间。

即使猫咪上了年纪，也请尽可能地让猫咪自由行动。

不要摆放对猫咪有害的观叶植物

关于猫咪所在房间的布置，请特别注意观叶植物。植物的种类不同，猫咪中毒的方式也不同，有的是因为舔了花粉而中毒，有的只是舔了花瓶里的水就会出现中毒症状。

用植物做装饰的时候，请选择没有毒性的种类，或者不要让猫咪靠近植物。

另外，芳香油、精油等也需要注意。这类物质含有的植物成分对猫咪有害，会引发中毒症状。

猫咪的皮肤直接接触精油会导致急性中毒。就算不是直接接触，猫咪一直待在长时间使用精油的房间、体内积累了大量挥发物的话，也会有慢性中毒的危险。具体摄入多少精油会中毒，要看猫咪自己的体质和精油的种类，但不管怎样，精油都是危险的东西。请不要在猫咪生活的房间内使用精油。

对猫咪有害的植物

天南星科植物

叶片和根茎多含结晶状的草酸钙，猫咪吃下会引发口腔炎症或呕吐。代表植物有芋头、安祖花、海芋、绿萝、龟背竹等。

百合科植物

对猫咪有剧毒，只是舔舐花瓶中的水就可能引发急性肾功能障碍。花瓣、花粉、叶片、根茎等每个部分都有毒。代表植物有百合、山丹、郁金香等。

多肉植物

芦荟的叶中含有的成分可能会导致猫咪腹泻或引发肾炎。另外，如果是仙人掌这样有刺的植物，可能会把猫咪弄伤。

其他植物

彼岸花、牵牛花、绣球花、菊花、三色堇、杜鹃花科植物、茄科植物、龙血树等都对猫咪有害。

事先排除可能造成事故的因素

猫咪经常会钻到你想不到的地方，受好奇心的驱使伸爪触碰各种物体等，从而引发很多“事故”。以下介绍一些经常发生的事故。提前做好对策，就能避免事故发生。

误吞

猫咪误吞是指咬着细线、橡皮筋、塑料碎片、纸巾、烟头等玩耍时不小心吞下去。即使没有腹泻、呕吐等症状，哪怕只是有误吞下去的可能，也要到宠物医院进行检查才能安心。

另外，有的猫咪甚至会吞下胸针、缝纫针等尖锐的东西。这些东西可能会刺穿胃部，所以请立即送诊。

有猫咪咬住桌子上的鸡肉串跳下去，然后被木签子刺伤的案例，所以请注意剩饭的放置问题。

溺水

饲主不在家的时候，曾有猫咪进入浴室，在浴缸里溺水。把浴缸里的水放掉会比较安全。

厨房事故

猫咪可能会按到煤气灶的点火开关，或者被灶上的热汤、热油烫伤。请不要让猫咪跳上灶台，也可以为灶台盖上遮盖物。

被锋利的东西割伤

菜刀、剪刀、裁纸刀等锋利的东西落下来，可能正好砸到猫咪，也有猫咪坐在桌子上摆弄剪刀而伤到自己的案例。

躲在洗衣机里

洗衣机的洗衣槽狭窄而令猫安心，不少猫咪都喜欢那里。曾有饲主没注意到洗衣机里的猫咪而启动洗衣机，于是发生猫咪溺水的事故。

吸入指甲油等有害物质

指甲油、洗甲水、油性马克笔、修正液等内含有机溶剂，猫咪不宜吸入混有这些挥发性物质的空气。猫咪的嗅觉敏锐，可能会因为气味而身体状态变差。请在没有猫咪的房间使用以上液体，并好好通风换气。

橱柜事故

猫咪可能会进入柜子、衣橱，被夹住或者被衣服缠住而出不来。对于猫咪进入会比较危险的地方，请饲主在出门之前锁好。

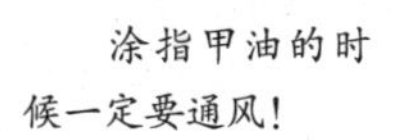

不一定要让猫咪到阳台透气

也许有饲主会觉得，既然猫咪不能出门，作为补偿，让它到阳台呼吸外面的空气吧。

但是，眺望远方会让猫咪提起警戒心，还是打消这个念头吧。另外，有的猫咪看到其他动物进入自己的领地但又捕捉不到的话，还会产生压力（第99页）。如果猫咪看起来在室内生活得很舒适，就不用特意让它出去了。

如果让猫咪去阳台，那么一定要认真做好防护措施。猫咪可能会从阳台摔落，请不要让阳台留有猫咪可以穿过的缝隙。重要的是，要让猫咪能够随时自由地回到室内。

不要让猫咪坐在餐桌上

最好不要让猫咪上餐桌。一方面，虽说在室内饲养，但猫咪的四足会沾上各种各样的脏东西，如果附着到饲主食物和餐具上，则有诱发感染的风险。另一方面，猫咪上餐桌可能会爱上人类的食物。

以前上过一次餐桌的话，下次就还会想上来，所以从接猫咪回家开始就不要让它上餐桌。如果猫咪上了餐桌就立刻让它下来，请严格执行这条规则。

把猫咪可能踩着上桌的地方贴上双面胶或者锡纸，让猫咪踩上去有讨厌的黏黏的触感，或者“咔沙咔沙”的声音。如果猫咪已经上了桌，那么可以用薄荷或者醋的喷雾，扇风过去吓吓它，让它觉得“上了餐桌会有不好的事情发生”。饲主吃饭的时候，请给猫咪可以自己玩的玩具，转移它对餐桌的注意力。

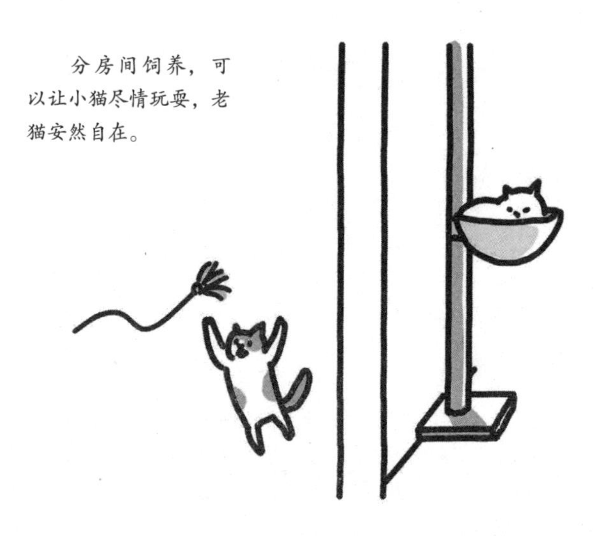

分房间饲养，可以让小猫尽情玩耍，老猫安然自在。

性格不合的猫咪要安置在不同的房间

精力满满的小猫可能会给喜欢慢生活的老猫带来压力，这样的案例屡见不鲜。这种情况，让它们在不同的房间活动会比较好，如果没有多余的房间，就确保老猫有可以“避难”的地方。另外，一起生活的猫咪如果合不来也可以分房间饲养，若是有猫咪总被其他猫咪捉弄，也请把它安置到其他房间。

家里已经有公猫的情况下，新接回家的猫咪，最好是异性，这样它们也许能相处得更融洽。由于公猫容易互相攻击，所以不要同时饲养两只公猫。

波斯猫、缅因猫、布偶猫、伯曼猫等性格比较温和的猫咪更容易被其他猫咪接受。

其他小动物要与猫咪分开饲养

小型动物对猫咪来说是“猎物”。不论多温和的猫咪，面前出现动来动去的小生灵，可能都会很在意，想要伸出爪子探探究竟。

对猫咪来说很轻的力度，对其他小型动物来说可能就是致命的。如果可以的话，请在猫咪无法进入的房间饲养其他小动物。

虽然有的家庭会让猫咪与其他小动物一起玩，但是你猜不到猫咪的狩猎本能会在什么时候、以什么为契机忽然觉醒。有猫咪攻击小鸟的案例，而它们之前融洽地一起生活了15年。

无论如何都想一起饲养的话，请细心看护。

把打扫卫生纳入每天的日程中

不少饲主会每天使用吸尘器来清理猫毛。但是，吸尘器是猫咪的“一生之敌”。总有饲主烦恼：每次使用吸尘器猫咪都会害怕，并做出威吓的样子。

首先，一开始接幼猫回家的时候就进行练习，要让它从小习惯吸尘器。

再者，可以每天在同一时间、以同样的空间顺序使用吸尘器，让猫咪把它看作“和平时一样”的事情。如果把它纳入每天的日程，那么猫咪也许就不会那么讨厌吸尘器了。

另外，不要每次打扫的时候才把吸尘器拿出来，可以平时就放在猫咪常在的房间。当猫咪把吸尘器当成“和往常一样”的事物，它就会降低警戒心。

使用吸尘器的步骤

※ 每个步骤之后先喂猫咪吃零食，然后再进行下一步。

❶ 只是把吸尘器放在房间里。

⇩

❷ 让猫咪坐在吸尘器旁边。

⇩

❸ 在离猫咪远一些的房间使用吸尘器。

⇩

❹ 在离猫咪远一些的房间，逐渐加长使用吸尘器的时间。

⇩

❺ 在猫咪隔壁的房间使用吸尘器。

⇩

❻ 在猫咪隔壁的房间，逐渐加长使用吸尘器的时间。

⇩

❼ 在猫咪所在的房间使用吸尘器。

⇩

❽ 在猫咪所在的房间，逐渐加长使用吸尘器的时间。

※ 第❸—❽步最好两人分工，一个人制造吸尘器的声音，另一个人喂猫咪零食。

设置一个猫咪禁止入内的房间

可以在家里设置一个禁止猫咪进入的房间，把它讨厌的、对它有危险的东西放在那里。猫咪变得有攻击性的时候，饲主也可以在那里躲避一下。从接回家开始就不让它进入的房间，猫咪就不会把那里看作自己的领地，也不会想进去。

当然，也许你家猫咪已经自由出入各个房间了。如果这时想设置一个禁止它进入的房间该怎么办？这种情况，需要让它认为一靠近那个房间就会发生不好的事情。

比如，可以在门的附近喷一些猫咪讨厌的柑橘味或者薄荷味的喷雾。如果猫咪抓门，可以扔硬币制造猫咪讨厌的金属碰撞的声音。另外，猫咪讨厌黏黏的触感，可以在猫咪可能会碰触的地方贴上双面胶……为了确保猫咪的安全，第一次采取这类措施的时候请在远处观察。

一个关键点在于，不要让猫咪知道是你做了这些事，否则它会讨厌你的。

可以在猫笼的底层放猫砂盆、猫抓板，中层放餐具，上层放床。

猫笼要选择比较高的款式

猫笼不是必需的，但是有猫笼会方便得多。猫咪可以在猫笼里悠闲自在地活动，饲主外出的时候猫笼还可以防止它做出危险的举动。猫咪们打架的时候，猫笼也可以把它们隔离。

成年猫用的笼子最好有3层，可以让猫咪上下跑动。木制猫笼虽然是天然的材质，但是容易渗透便便等液体，所以最好选择金属或塑料材质的猫笼。金属制的笼子开关门容易发出“当啷”的声音，这点也需要注意。

选择垂直型的、大一些的猫抓板

磨爪是猫咪的重要活动。为它准备合适的猫抓板，就可以减少墙壁、家具的抓痕。

虽然猫抓板有各种形状和材质，但是因为猫咪的祖先是在树干上磨爪的，所以推荐选择垂直型的猫抓板。最好是用能吸引猫咪的材料制作的，可以让猫咪站立起来磨爪的款式，而且具备稳定性，磨爪的时候不会晃动或者倒下。

磨爪也有做标记的含义，猫抓板上有猫咪自己的味道能够让它安心。可以结合猫咪的活动路线，在猫窝的旁边、过道上显眼的地方等设置多个猫抓板（第188页）。

餐具的大小、数量请参考第37页喵

餐具选择陶瓷、玻璃或者不锈钢材质

塑料制的猫咪餐具优点是价格便宜、不易破裂，但缺点是容易留下刮痕。餐具的刮痕处容易滋生细菌，这也是猫咪下巴会出现痘痘（痤疮）的原因之一。每次吃饭痘痘都会接触细菌，于是怎么也好不了，陷入恶性循环。

餐具建议选择不易留下刮痕的陶瓷制品、玻璃制品或者不锈钢制品。如果使用塑料制餐具，则应及时更换新的。另外，有的猫咪会讨厌不锈钢餐具反射光线，如果第一次使用似乎就不喜欢的话，请换成陶瓷制品或者玻璃制品试一试。

项圈一定要带上猫咪的名牌

戴项圈是家养猫的证明。请把写好猫咪和饲主的名字以及联系方式的名牌系在项圈上吧。猫咪走失的话，名牌能提高找到它的概率。

曾发生过项圈勒死猫咪的事故，所以建议选用带安全扣的款式。

如果项圈过松，猫咪抓挠身体的时候就可能会被中间的缝隙卡住脚。项圈和脖子之间留有1~2根人类手指宽度的距离是比较合适的松紧度。

项圈的铃铛会给猫咪压力吗？

有的猫咪从小习惯了项圈的铃铛，所以不会在意，但是也有猫咪因为项圈的铃铛声而感到压力。如果要用带有铃铛的项圈，那么请观察猫咪是否讨厌它。

给猫咪穿衣服的话要随时看着它

给不喜欢穿衣服的猫咪穿上衣服的话，它可能会很不习惯，甚至惊慌失措。另外，穿上衣服会妨碍猫咪梳理毛发，所以还可能给它造成压力。曾发生过猫咪在爬向高处的时候衣服被挂住，于是猫咪悬空甚至窒息的事故。如果要给猫咪穿衣服，请仅限饲主在身边的时候穿。

当然，穿衣服也有优点，比如可以在手术后保护伤口，还可以为没有毛的猫咪保温、遮挡紫外线。

选择上面也有出入口的猫包

猫包有各式各样的形状和材质，其中，质地较硬、可以立着的手提箱款式便利又安全。不管是去宠物医院还是回老家，都可以用它带猫咪出门。平时打开猫包放在房间，还可以作为猫咪的藏身地点或者猫窝来使用。

塑料制的猫包便于清洁、不易变潮，拿起来走路也很轻便。

推荐上方和侧面都有出入口的款式。如果只有侧面有出入口的话，猫咪逃到里面就很难抓出来了。上方也有出入口有助于观察猫咪的状态。猫咪在医院因为害怕而不敢出来的时候，可以让它安心待在自己的领地接受诊察。

不要让猫包与外出的印象联系起来

不习惯猫包的猫咪会抗拒进入猫包。请平时就把猫包放在猫咪活动的地方，甚至作为备选猫窝，让猫咪卸下对猫包的警戒。从幼年开始习惯会更加轻松。

如果平时收起来，需要用的时候才拿出来，猫咪就会产生戒备心。看到猫包，它就会想是不是要去医院了，于是藏起来。又或者饲主准备带猫咪出门所以拿出猫包，这样猫咪可能会把它当作外出道具，这也会引起猫咪的警戒。平时就把猫包拿出来摆着，还是外出之前才拿出来，这决定了猫咪会不会把猫包与外出的印象联系起来。

诱导猫咪进入猫包的时候，可以使用专门准备的零食或者玩具。猫咪进入猫包之后，还有去医院或者外出后回到家中，都请喂零食给猫咪，重复几次，让它产生“猫包 ＝ 快乐、美味”的印象。

另外，习惯猫包的话，万一遇到灾害还能比较轻松地带上猫咪去避难。

在车内要给猫包罩上一层遮盖物

猫咪乘车也要用到猫包。请用毛巾或者外套盖住猫包，不要让猫咪看到外面的景象。

这是因为，很多猫咪在离开自己的领地之后，或者看到令猫眼花缭乱的景色时，都会感到不安。看不到外面的景象有助于让猫咪保持冷静。请用温柔的声音和它对话，帮助它冷静下来吧。

猫包放在座位上会来回摇晃，所以请用安全带固定，也可以放在副驾驶座或者后座的下面固定起来。

虽然乘车时把猫咪装进洗衣袋也是一种方法，但是网格洗衣袋要是缠住猫爪就麻烦了。另外，猫咪可以通过网格看到外面而感到不安，所以不推荐使用洗衣袋。

用毛巾或外套遮盖猫包，用安全带固定放好。

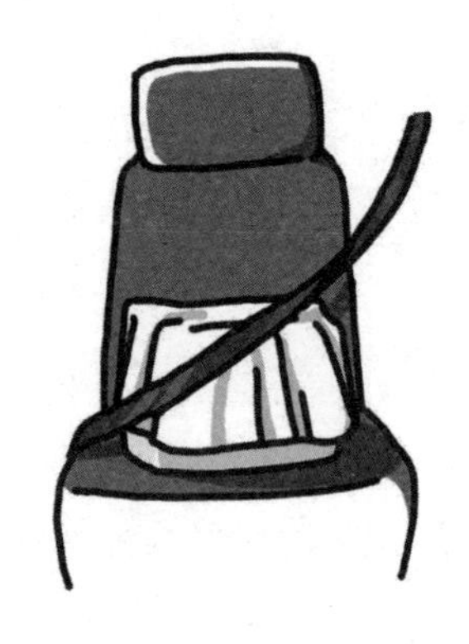

猫咪晕车，请给它冷冻的零食

人类乘车出行有可能会晕车。和人类一样，猫咪也有可能晕车，而且越是不安，症状越是严重。

在猫咪小的时候就让它习惯乘车的话，它成年后基本上不会晕车。但是，如果是因为体质而晕车，不管怎样习惯都还是会晕车的。如果必须长时间乘车（比如搬家），那么可以提前咨询兽医，开取晕车药。

如果猫咪出于兴奋或恐惧而叫个不停，可以给它冷冻过的零食，让它能长时间舔舐。有关于狗狗的研究发现，嘴巴里有东西可以分泌催产素（幸福激素），猫咪应该也是一样的。在汽车发动之前喂给它冷冻的零食，或许可以趁它还没察觉就出发。

提前准备好冷冻的零食。

清除危险因素喵

饲主出门前要做好预防室内事故的对策

让猫咪看家的重中之重在于排除危险因素。

如果在饲主外出时发生事故的话，就可能会危及猫咪的生命。

尤其需要注意的是猫咪打开燃气开关的事故。虽然最重要的是不要让猫咪跳上灶台，但是如果猫咪真的上去了，那么为防止起火或者燃气泄漏，请饲主在外出时关好燃气阀门。

饲主外出时常发生的事故还包括猫咪溺死在有水的浴缸里、从窗户的缝隙跳出去走失等。只要是猫头能过去的宽度，身体就能过去。窗户和浴室的门只要打开一点缝隙，猫咪就可能从那里通过，所以请关严门窗，而且上锁。可以使用儿童锁。

另外，还要注意猫咪的误吞事故！请把容易误吞的小物件放到猫咪碰不到的地方。可以拆解零件的玩具也很危险。如果猫咪不讨厌笼子，还可以在外出时把它放到猫笼里。

今晚不回家的话，要给猫咪准备两天份的食物和水

猫咪面对变化的环境和不认识的人会感到非常不安。如果饲主今晚不回家，只要提前做好准备就可以留猫咪看家。当然包括预防事故的对策准备！

饮用水要比平时多准备一些，放在几个不同的地方，万一哪个器具的水洒了，也还有其他地方可以喝水。猫粮请准备两天份的干猫粮。湿粮容易腐败，所以不能长时间放置。另外，有的猫咪会一口气把猫粮全部吃完，所以需要使用自动喂食器，设定每次只出定量的食物。

出门前一定要把猫砂盆打扫干净，并且多准备几个猫砂盆，这样猫咪可以自如地便便。

为了防止误食垃圾，外出前需要把垃圾清理掉。室内的温度、湿度管理也很重要（第148页）。

猫粮和水请多准备一些。

column

宠物摄像头请选择静音型

有的饲主想在外出时看看家里猫咪的情况，会使用宠物摄像头。有的摄像头可以发出声音，但是饲主明明不在却能听到声音，反而会让猫咪不安。另外，能够变换角度的摄像头会引起猫咪的警戒。如果安装摄像头，请选择静音的款式。

留下饲主的味道，让猫咪安心

猫咪对味道非常敏感，自己或者伙伴的气味在附近就会安心。对家猫来说，饲主就是伙伴，所以只要有饲主的味道就能安心。如果长时间留猫咪自己看家的话，那么请把一些带有饲主气味的衣服或者毛巾放在猫咪身边，让猫咪安心。

但是，有分离焦虑问题（第129页）的猫咪需要把饲主和自己的味道混在一起才能安心，所以可能会在衣服、毛巾上小便。另外，有的猫咪可能是因为不想离开饲主的味道而不去猫砂盆，卧在衣服上不小心就便便了。

如果自己看家的猫咪在衣服、毛巾上留下小便，则可能存在分离焦虑的问题，请向兽医咨询。

拜托猫咪看护专业人士照看猫咪

近年来，宠物保姆、宠物旅馆等越来越多，有的宠物旅馆是和宠物医院联合开设的。

如果要自己寻找宠物旅馆，首先应该确认的是经营者是否作为动物护理负责人拥有“宠物健康护理员职业资格证书”。还要确认猫狗是否分开看护，有没有能让猫咪舒适度日的环境。猫咪不擅长应对环境变化，所以请避免长期外出。

如果请宠物保姆，那么请拜托专门看护猫咪的猫咪保姆，他们对猫咪有着丰富的看护知识以及经验，更让人放心。有的猫咪保姆不仅会好好照顾猫咪，而且会为猫咪拍照录像发给饲主，让饲主安心。

由于要把家里的钥匙交给宠物保姆，所以一定要选择值得信赖的人。

搬离时最后收拾猫咪的东西，搬入新家首先放好猫咪的东西

有猫的家庭搬家需要注意很多事情。接下来向你介绍不同阶段需要注意哪些事情。

准备搬家

这时衣橱、抽屉、柜子等会频繁开关，请注意不要让猫咪钻进去。

搬家有时让人焦虑，而饲主的这种紧张感会传递给猫咪。请提醒自己用和平时一样冷静的态度对待猫咪。

猫窝、猫砂盆、猫咪的餐具等最后再搬走，将环境变化的时间压缩到最短。到了新家立即取出猫咪用品摆好。

为了让新家成为令猫安心的港湾，请把带有猫咪气味的物品带过去。带有小便的猫砂也带去一点，帮助猫咪习惯新家的猫砂盆。

搬家当天

搬家师傅抵达之前，先把餐具、猫砂盆还有用来装猫的猫包放在一个房间里，并且把猫咪隔离在这个房间。这个房间的行李先搬出去，这样搬家的时候就不会有人进出，也请把隔离猫咪的事情告知搬家师傅。

其他房间的东西搬完之后，饲主一个人走进猫咪所在的房间，把猫咪放进猫包，然后开始搬运猫咪用品。请一定注意不要让猫咪逃跑。

如果没有隔离猫咪的房间，也可以把它送到宠物旅馆，记得提前预约。

抵达新家

行李和家具都放好了，在确认门窗关好之后，就可以让猫咪从猫包出来了。如果猫咪害怕，就不要强迫它出来，耐心等它主动出来吧。

猫砂盆、餐具还有猫窝请使用之前的那些。把带过来的沾有猫咪气味的猫砂放进猫砂盆。

市场有售可以稳定猫咪情绪的喷雾，提前在新家喷一些这种喷雾，也许有助于缓解猫咪的不安情绪。

搬家当天，请把猫咪隔离在一个房间里。

如果猫咪走失，先拿着零食在附近寻找

猫咪好奇心旺盛，对外面的世界充满兴趣。防止猫咪逃跑，关好门窗是关键。迎接猫咪回家之前可以先做一些准备，比如在玄关装上宠物门，为纱窗装锁，等等。猫咪的弹跳力很强，所以宠物门需要有一定的高度。请选择猫咪跳不过去的款式。有的猫咪会追着饲主跑出去，所以开门的时候也要注意。

饲主晾衣服的时候，猫咪可能会一起跑到阳台。去阳台的时候请确认猫咪有没有跟过来。如果觉得危险，可以给阳台围一圈网。

即使是性格沉稳的猫咪，听到很大的声音也会受到惊吓，陷入恐慌往外跑，所以饲主不要放松警惕。

猫咪走失了怎么办

首先在附近搜寻

走失的猫咪出于习性多会藏在家的附近。首先在家附近找找它吧。

撒一些猫砂

在家的附近撒一些带有猫咪气味的猫砂，猫咪闻到自己的气味会更容易出现。

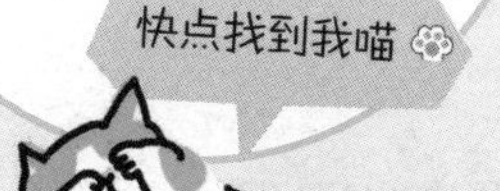

到各处问询

询问附近的居民或者到派出所、当地的动物保护中心询问有没有人发现走失的猫咪。

拿着零食叫它出来

找到猫咪的时候直接伸出手可能会吓到它。可以让它看到特别准备的零食，等它主动走过来。大声呼叫也许会让它害怕，请不要这样做。

利用社交平台

通过微信、微博等平台发布走失信息也许会有帮助。请提前为猫咪拍下特征明显的照片，有备无患。

人类和猫咪的避难用品，再加上装有猫咪的猫包是相当重的，请提前确认能否搬得动。

确认灾害避难所，准备好猫咪用品

请提前考虑，如果发生灾害，如何带着猫咪避难以及需要准备什么。首先，可以查询附近的避难所在哪里，以及携带宠物避难的相关信息。

把猫咪的避难用品整理好，打包成方便携带的状态，和人类用品一起放在玄关等靠近门口的地方。一家人一起住的情况，需要提前决定好紧急时刻由谁负责携带猫咪。

猫咪在猫包里是否平和安稳，也许会决定它能否被避难所接纳。需要在平时就让猫咪习惯猫包（第173页）。

猫咪在避难所可能会和其他宠物共处一室，所以做好驱虫措施以及绝育手术很重要。另外，项圈和名牌要时常戴着，给猫咪植入微芯片可以更加安心。

避难时需要带上的猫咪用品

□ 食物和水

准备 3 天份没有开封的猫粮，湿粮可以辅助补充水分。

□ 零食

用于安慰猫咪，或者在它没有食欲的时候吃，请准备特别的零食。

□ 餐具

装猫粮和水的器具。材质轻便的携带起来更轻松。

□ 牵引绳

防止猫咪走失。

□ 猫包 / 猫笼

可以折叠的软款猫包更方便携带。猫咪在避难所需要一直待在那里，所以空间大一些会更好。

□ 毛巾

用大浴巾盖住猫包，遮挡猫咪的视线。

□ 便便用品

宠物垫纸、猫砂。垫纸尽量多备些。

□ 报纸

剪得碎一些可以替代猫砂。

□ 密封垃圾袋、塑料袋

用于收拾便便。除臭喷雾也会派上用场。

□ 药物

如果猫咪患有疾病，也请备好药物。

安装微芯片的猫咪服装

芯片上有用于个体识别的号码，识别芯片即可找到主人。与项圈、名牌不同，芯片不用担心会掉下来，对寻找走失的猫咪大有帮助。

但是，识别芯片需要专门的读取器，不是所有动物保护中心都有配置。另外，有没有植入芯片从宠物的外表也看不出来，而且并不是植入了芯片的宠物就一定能够找回。不过多亏微芯片，饲主与爱猫重逢的案例也不在少数。

芯片需由兽医通过皮下注射植入猫咪体内。下次去宠物医院的时候可以咨询一下。

猫咪“这样那样”的行为探索

用前腿推落物品

⇨ 总想推下去点什么

猫咪会灵活地控制前腿到处探索。推落物品大概是因为想要锻炼前腿，而且想知道东西滚落会发生什么。因为肉垫很敏感，所以猫咪会对物体的触感抱有兴趣。还有一种说法是，猫科动物狩猎时会脚踩猎物，感受心脏是否跳动来判断猎物的生死。

另外，还有猫咪把推落物体当作游戏。饲主会“啊！”地大叫，然后捡起掉落的东西，猫咪会觉得这种反应很有趣。

这样那样 2

明明有猫抓板，还要在墙壁和家具上磨爪

⇨ 猫抓板放在不显眼的地方就不用

猫咪磨爪是为了宣示那里是自己的领地，想把自己的抓痕、味道留在显眼的地方。如果猫抓板在不显眼的地方，猫咪可能会直接无视，所以首先选好猫抓板的位置吧。

猫咪多在吃饭和午睡之后磨爪，所以猫抓板需要放在猫咪经常去的显眼的地方。

这样那样 3

在饲主用电脑工作的时候会过来捣乱

⇨ 饲主的反应让猫咪开心

猫咪看到饲主集中精力工作的样子，会认为如果自己走到屏幕前或者坐在键盘上，饲主的注意力就会转移到自己身上。正在工作的饲主也许会抚摸猫咪、和它对话，或者让它去别的地方。这些反应都会让猫咪开心，并且让它认为“走到电脑前，就有好事发生”，于是再三重复这种行为。

这样那样 4

在报纸和杂志上躺倒

⇨ 觉得这是找玩伴的机会

和电脑的例子同理，饲主坐在那里看报纸或杂志的时候，猫咪会把这当成让主人陪伴自己的机会。另外，报纸和杂志的纸张容易留下自己的味道，所以横躺在上面很舒服。猫咪躺到报纸或杂志上的时候，饲主起身离开就好，反复几次，猫咪就不会躺在那里了。

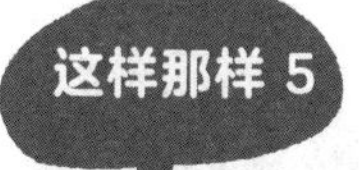

饲主睡觉的时候趴到饲主脸上

⇨ 寻求温暖、安心感

人类的脸部是温暖的，而且趴在那里可以感觉到饲主颈动脉的搏动，就像猫咪还是胎儿的时候感受猫妈妈的心跳一样，可以获得安心的感觉。另外，也许猫咪是想把最喜欢的饲主的味道与自己的味道混合起来，所以要趴到散发这种味道的饲主的脸上。

猫咪趴在脸上，可能也是想把饲主叫醒，让饲主摸摸自己。

这样那样 6

一直盯着自己看

⇨ 要求、爱意、不安……盯着你看的原因多种多样

猫咪盯着你看可能出于多种原因，可能是告诉你肚子饿了、想吃饭，也可能是盯着你慢慢眨眼表达爱意，兴奋、纠结、恐惧、不安的时候也会盯着你看。要理解猫咪所表达的意思，请结合肢体语言（第 78 页—第 80 页）做判断。

舔舐饲主的眼泪

⇨ 注意到饲主的状态有些奇怪

据说狗狗会和主人的心情保持一致，但是猫咪是什么样就不知道了。然而，猫咪对与平时不一样的事情会很敏感，所以如果看到主人的样子有些奇怪就会凑近观察，看到眼泪也许觉得有趣就会去舔舐。

另外，走到失落的主人身旁往往会被抚摸，而主人情绪不好暴饮暴食的话，则会有食物的残渣掉落在附近被猫咪吃掉。而当这样的经历重复几次，猫咪就会认为：走到失落的主人身边会有好事发生。

这样那样 8

用前腿踩在柔软的物体上

⇨喝母乳留下的习惯

幼猫在猫妈妈那里喝奶的时候，用前腿轻踏猫妈妈的肚皮才能喝到更多，也由此养成了前腿轻踩的习惯。不管是被子、毯子还是人的身体，只要触碰柔软的东西就会唤起幼猫时期的记忆，于是上前轻踩。另外，猫咪也可能是为了让睡觉的地方更舒服，所以用脚踩一踩，让垫子更柔软。

猫咪通常会在心情好、很满足的状态下做出前脚轻踏的行为。

这样那样 9

和狗一起饲养的话，行为会变得像狗

⇨ 猫咪从小和狗狗一起长大的话，有可能成为“像狗的猫”

幼猫的社会化（第 89 页）期间会在很大程度上受到周围动物以及人类行为的影响。如果猫咪从小和狗狗一起长大，它的榜样可能就是狗狗，于是出现和狗狗相似的行为。同理，小狗和猫咪一起饲养的话，也有可能成为“像猫的狗”。

但是，即使猫咪做出狗狗的肢体语言，也只是单纯的模仿，不能通过肢体语言来表达心理活动。推测猫咪心情的时候还请注意这一点。

立马跑进箱子或者袋子里

⇨ 把那里视为可以安心藏身的地方

猫咪喜欢又窄又暗的地方，箱子、袋子里面温暖又舒适，还可以躲在那里观察外界，是可以安心藏身的地方。虽然太小的箱子猫咪不能完全藏进去，但是比起能够将全身藏起来的地方，猫咪更喜欢大小刚刚好的空间，这样可以获得安全感。

刚把猫咪接回家或者搬家的时候，可以准备一个小箱子，帮助猫咪习惯新环境。

卧在冰箱上面

⇨ 喜欢又高又温暖的地方

猫咪出于本能会去喜欢高高的地方。野生的猫咪会藏在视野好的高处巡视周围、搜索猎物、观察有没有敌人，而冰箱上面正是又高又温暖的地方。

如果一起生活的多只猫咪中有谁害怕同类，它也会把冰箱上面当作藏身处。出现这种情况，请在冰箱之外为它准备一个可以安心待着的地方。

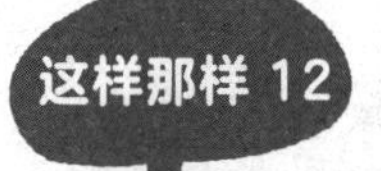

不能从高处下来

⇨ 猫咪的爪子不适合向下爬

猫爪的形状适合向上爬，但不适合向下爬。爬上去没问题，但如果爬得太高而不敢跳下来，就会因为害怕而进退维谷。

有时，饲主慌张的呼喊反而会让猫咪更不愿意下来，所以请把它喜欢的零食放在下面，耐心等待它自己下来。如果猫咪总是跑到高处下不来，那么可以准备一条长板作为坡道帮它下来。

用前爪掬水喝

⇨ 在玩耍，还是对水感到害怕

猫咪似乎很喜欢用爪子搅动水面，它可能是把这当作了游戏。

猫咪用前爪掬水喝可能是因为不喜欢胡须沾到水，或者埋头喝水看不到周围会感到不安。也有猫咪是因为不清楚容器里有多少水，不知道应该把头低到什么程度，所以会用前爪掬水。对猫咪来说，不确定的水量会造成一些压力。给猫咪喂水时请用较浅、较大的容器。

这样那样 14

把头伸到自来水管的水流中

⇨ 把水当作猎物，喜欢感受水流

你可能经常看到小猫把脑袋伸到打开的水龙头下，却喝不到水的视频。这种情况，与其说猫咪是为了喝水，不如说是把水当作捉不到的猎物在玩耍。猫咪沉迷于水的流动，自己的头被打湿了也不在意，或者干脆没有察觉到。另外，转转脑袋会发现水流有变化，猫咪也许也以此为乐。

轻咬的时候会忽然用力

⇨ 变兴奋了，还是让你住手

猫咪会通过相互舔舐、相互梳毛来表达爱意，除此之外，也会用门齿轻咬对方，轻咬饲主就是在表达对饲主的喜爱。但是，饲主正在抚摸的猫咪忽然兴奋起来的话，也会“咔”地用力咬饲主一口，这又被称为“爱抚诱发性攻击行为”。猫咪会用咬一口来表示“够了，住手吧”，所以请在抚摸它的时候观察它有没有出现表达讨厌的肢体语言（第 78 页—第 80 页）。

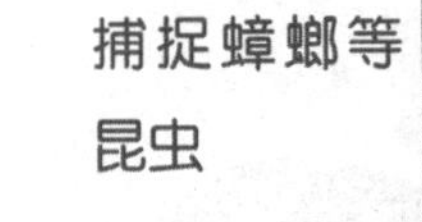

捕捉蟑螂等昆虫

⇨ 活动的物体会激发狩猎本能

猫咪看到活动的物体就会觉醒狩猎本能，想要抓住它。如果对方停下来了，那么猫咪也会失去兴趣。

空腹状态更能激发狩猎本能，但吃饱后的猫咪也会把追逐活动的物体当作游戏。对于捉到的昆虫，猫咪有时会吃掉，有时抓到就满足了，也就放着不管了。

擅自开门

⇨ 安装猫咪不会用的门把手

有的猫咪会用前腿压下把手开门，这是看到主人开门学会的。如果没有走失的危险，那么饲主不理会也没有问题。

如果猫咪自己开门会有麻烦，就请增加它开门的难度。猫咪容易打开的门一般装有横向的长条形把手，向下按压就能打开，所以可以把门把手换成纵向的或者圆形的。

这样那样 18

有客人时会藏起来

⇨ 遮盖气味慢慢习惯

逃避不了解的事物并藏起来是猫咪的天性。客人在的房间可以稍稍开一点窗户，遮盖一下陌生的气味，猫咪习惯了就会主动接近。

为了不吓到猫咪，需要拜托客人行动慢一些。准备一些猫咪喜欢的零食、玩具，请客人拿给猫咪，它对客人的印象就会变好。

这样那样 19

跟着饲主到卫生间

⇨ 以为那里是主人可以陪自己的地方

人类经常会在卫生间待一段时间，而猫咪觉得到那里主人就会陪自己。如果猫咪一进去，饲主就抚摸它、和它说话，那么有了这样的好经历，猫咪下次还会一起进去。另外也可能是因为浴缸的盖子上很温暖，而地面瓷砖凉凉的很舒服。

如果饲主不觉得困扰就没问题。不想让猫咪跟进去的话，可以给它能够自己在外面玩耍的玩具。

这样那样 20

挤在一起睡

⇨ 性格相合的猫咪会分享猫窝

饲养多只猫咪时，猫咪们会一起睡觉。猫咪相信自己睡觉的时候其他同伴会巡视领地、确保安全，然而其他同伴也是这样想的，所以这些猫咪总是一起睡着。

一起睡觉说明关系很好，毕竟愿意和对方分享自己喜欢的猫窝嘛。

致 谢

在本书的最后，我们非常感谢下列工作人员。他们以自己的专业知识，为本书的创作与完善提供了巨大的贡献与支持。

主审：茂木千惠（兽医）　荒川真希（宠物护理师）

插图：深尾龙骑

取材：沟口弘美　伊藤英理子